民間防衛

本書は、スイス連邦内閣の要請によって
連邦法務警察省が発行したものである

構成

アルベルト・バッハマン
ジョルジュ・グロスジャン

東京 原書房
Miles-Verlag, Aarau

Folgende Persönlichkeiten haben dem Buch
ihre Unterstützung geliehen:
Oberstdivisionär Karl Brunner, Prof. Dr. Guido Calgari,
Dr. iur. Arthur Daetwyler, Dr. iur. Emanuel Diez,
Nationalrat Peter Dürrenmatt,
Oberstkorpskommandant Alfred Ernst,
Dr. phil. Hansjakob Flückiger, Robert Forrer,
Dr. med. Paul Gasser, Fritz Glaus, Ewald Im Hof,
Prof. Dr. Walther Hofer, Prof. Dr. Paul Huber,
Prof. Dr. Werner Kägi, Dr. chem. Peter Keller,
Oberst Franz Keßler, Dir. Walter König,
Oberst i Gst Franz Koenig, Dr. iur. Hans-Rudolf Kurz,
Prof. Dr. Hans Leibundgut, Paul Leimbacher †,
Prof. Dr. Fritz Marbach, Dr. h. c. Arnold Muggli †,
Dr. iur. Karl Müller, Dr. iur. Richard Ochsner,
Elsa Peyer-von Waldkirch, Fritz Rentsch, Friedrich Salzmann,
Eduard Scheidegger †, Dr. oec. publ. Diether Steinmann,
Prof. Dr. Georg Thürer, Dr. phil. Kurt Werner,
Maja Wicki-Vogt, Prof. Dr. Ernst Wiesmann,
Nationalrat Ernst Wüthrich, Dr. h. c. Maurice Zermatten.
Mitgewirkt haben ferner das Schweizerische Rote Kreuz,
der Schweizerische Bund für Zivilschutz,
die Eidgenössische Kommission zur Überwachung der Radioaktivität
mit ihrem Alarmausschuß
sowie die vom Bundesrat eingesetzte interdepartementale
Kommission für das Zivilverteidigungsbuch,
die unter Leitung von Generalsekretär Dr. iur. Armin Riesen
gearbeitet hat.

Zeichnungen: Willi Bär, Rudolf Levers, Zürich
Umschlaggestaltung: Werner Mühlemann, Bern
Verantwortlich für die technische Herstellung:
C. J. Bucher AG, Luzern, und Rentsch AG, Trimbach-Olten
Auslieferung: Eidg. Drucksachen- und Materialzentrale, 3000 Bern

まえがき

国土の防衛は、わがスイスに昔から伝わっている伝統であり、わが連邦の存在そのものにかかわるものです。そのため、武器をとり得るすべての国民によって組織され、近代戦用に装備された強力な軍のみが、侵略者の意図をくじき得るのであり、これによって、われわれにとって最も大きな財産である自由と独立が保障されるのです。

今日では、戦争は全国民と関係を持っています。国土防衛のために武装し訓練された国民一人一人には、『軍人操典』を与えられますが、『民間防衛』というこの本は、わが国民全部に話しかけるためのものです。この２冊の本は同じ目的を持っています。つまり、どこから来るものであろうとも、あらゆる侵略の試みに対して有効な抵抗を準備するのに役立つということです。

われわれの最も大きな基本的財産は、自由と独立です。これを守るために、われわれは、すべての民間の力と軍事力を一つに合わせねばなりません。しかし、このような侵略に対する抵抗の力というものは、即席にできるものではありません。抵抗の力は、これに参加するすべての人々が、自分に与えられた任務と、それを達成するため各自の持つ手段方法を、理解し、実地に応用できるように訓練して、初めて有効なものとなるのです。そこで、致命的な他からの急襲を避けるためには、今日からあらゆる処置をとらねばなりません。

われわれは、脅威に、いま、直面しているわけではありません。この本は危急を告げるものではありません。しかしながら、国民に対して、責任を持つ政府当局の義務は、最悪の事態を予測し、準備することです。軍は、背後の国民の士気がぐらついていては頑張ることができません。その上、近代戦では、戦線はいたるところに生ずるものであり、空からの攻撃があるかと思えば、すぐに他の所が攻撃を受けます。軍の防衛線のはるか後方の都市や農村が侵略者の餌食になることもあります。どの家族も、防衛に任ずる軍の後方に隠れていれば安全だと感じることはできなくなりました。

一方、戦争は武器だけで行なわれるものではなくなりました。戦争は心理的なものになりました。作戦実施のずっと以前から行なわれる陰険で周到な宣伝は、国民の抵抗意志をくじくことができます。精神―心がくじけたときに、腕力があったとて何の役に立つでしょうか。反対に、全国民が、決意を固めた指導者のまわりに団結したとき、だれが彼らを屈服させることができましょうか。

民間国土防衛は、まず意識に目ざめることから始まります。われわれは生き抜くことを望むのかどうか。われわれは、財産の基本たる自由と独立を守ることを望むのかどうか。――国土の防衛は、もはや軍にだけ頼るわけにはいきません。われわれすべてが新しい任務につくことを要求されています。今からすぐにその準備をせねばなりません。われわれは、老若男女を問わず、この本と関係があるのです。この本は、警告し、相談にのり、教育し、激励します。私どもは、この本が国民に安心を与えることができることを望んでいます。

スイス連邦法務警察長官

L. von Moos

内容目次

戦争の危険

平和

祖国愛
自由と寛容
わが国の制度の意義と価値
理想と現実
準備

民間防衛のための団結
民間防災組織
経済戦争(に備える)
(指揮〔導〕と)連絡
(警戒と)警報
攻撃を受けたときの行動
(攻撃〔侵略〕あるいは大災禍を受けたときの行動)
構築物(建築上の方策〔処置〕)
退避所内の生活
救助(と救護)
衛生活動

われわれは危険な状態にあるのだろうか

この本は、わが国が将来脅威を受けるものと仮定して書かれたものである。

われわれが永久に平和を保障されるものとしたら、軍事的防衛や民間防衛の必要があるだろうか。すべての人々は平和を望んでいる。にもかかわらず、戦争に備える義務から解放されていると感じている人は、だれもいない。歴史がわれわれにそれを教えているからである。

> スイスは、侵略を行なうなどという夢想を決して持ってはいない。しかし、生き抜くことを望んでいる。スイスは、どの隣国の権利も尊重する。しかし、隣国によって踏みにじられることは断じて欲しない。

スイスは、世界中で人類が行なうあらゆる建設的行為には全力を尽くして協力する。しかし、みずから行なうべきことを他人からさしずされたくはない。工業国、商業国としてのスイスは、自由競争の条件のもとで全世界と貿易をしており、スイス製品は一般の高い評価を受け、わが国民の職業的良心を立証している。

> しかし、このような評価によって、スイスが、起こり得る大戦争の局外に立ち得るわけではない。

ヨーロッパにおけるスイスの戦略的地位は他国にとって誘惑的なものである。その交通網は、交戦諸国にとって欠くことのできないもののように見える。簡単に言うならば、

> われわれは、受け身に立って逃げまわる権利を与えられていない。

われわれは、あらゆる事態の発生に対して準備せざるを得ないというのが、最も単純な現実なのである。

深く考えてみると

今日のこの世界は、何人の安全も保障していない。戦争は数多く発生しているし、暴力行為はあとを断たない。われわれには危険がないと、あえて断言できる人がいるだろうか。

ここで仮想敵国を名ざしはしない。名ざすべき理由はない。

わが国の中立は守られている。にもかかわらず、それによってわれわれが盲人であってよいということにはならない。

絶えず変動しているとしか思えない国際情勢を、ことさらに劇的に描いてみるのはやめよう。しかし、最小限度言い得ることは、世界が、われわれの望むようには少しもうまくいっていない、ということである。危機は潜在している。恐怖の上に保たれている均衡は、充分に安全を保障してはいない。とかく恒久平和を信じたいものだが、それに向かって進んでいると示してくれるものはない。

こうして出てくる結論は、

わが国の安全保障は、われわれ軍民の国防努力いかんによって左右される

ということである。

きのう考えたことと別のことを、きょう考えるわけには、どうしてもいかないのだ。われわれが個人的に集団的に今日決意したことによって、明日が左右されるのである。

親たちがわれわれのことを心配してくれたように、子供たちのことを考えよう。

自由と独立は、われわれの財産の中で最も尊いものである。——自由と独立は、断じて、与えられるものではない。

自由と独立は、絶えず守らねばならない権利であり、ことばや抗議だけでは決して守り得ないものである。手に武器を持って要求して、初めて得られるものである。

祖　国

紛争の時代と言われる今日の時代においては、ある種のことばは、その価値を失ったようである。「祖国」ということばも、その一つである。

今日は旅行の時代でもあり、それぞれの国に特有の美しい景色が見出されている。わが国は美しいが、そうは言っても、その山々や湖に基づく祖国愛を説いただけでは、もはやその説得力はなくなった。

人間というものは、自分たちの幼い時代のことを深く心に刻みつけているものである。生まれたころに住んでいた場所は、その人にとっていつまでも価値を失わない。その当時の家庭環境や社会環境によって、その人の好みは左右される。人は、自分が通った小学校や、その仲間、当時の遊び、そして愛の目ざめを、決して忘れない。自分の国に対する愛情は、人々が、それぞれの幼時に、その当時の世間に対してどのように対応したか、どのように世間から影響を受けたかによって、その基礎がつくられるのである。

しかし、大人になると、もっと深く、もっと広い立場から、ものを考えるようになる。大人は、自分の生活条件を他の国民の生活条件と比較する。正義、信頼、安全、自由を求める。

常識のあるスイス国民は、わが国の諸制度が、人間のつくるあらゆるものと同様に、完全ではないが、安定しており、人間を尊重していることを、認めざるを得ない。社会福祉の面では大きな進歩が見られる。貧しい人々、身体障害者、老人は、国家の援助を受け、この援助も常に改善されつつある。連邦制度は全国民を守っている。民主主義は正常にその機能を発揮している。公けの義務は公平に分担されている。すべての人々は一般教育を受けられる。このように基本的権利がよく保障されている国が、他に数多く見られるだろうか。

故に、わが祖国は、わが国民が、肉体的にも、知的にも、道徳的にも、充分に愛情を注ぎ奉仕する価値がある。

国の自由と国民それぞれの自由

過去数世紀の間、人間は皮膚の色だけで差別されてきた。皮膚の白い人々に対して、他の人々に優越する権利を与えるように思われた。……人種の観念が侮蔑と嫌悪をきめた。しかし、皮膚の色の相違は純粋に生物学的なものであり、人種差別主義は、まさに排斥さるべきものである。

このことについては、人類は若干の進歩をとげた。われわれは、頭や鼻の形よりも、道徳的、精神的価値を、より重要視し始めている。人種差別は、少なくとも原則的には非難されている。すべての人は、その出身が何であろうとも、平等となり、自由を得つつある。

この「自由」は、18世紀のわれわれの祖先が、まず自分たちのために主張したものである。山の中に住む農民たちは、特権を独占し弱者を抑圧する封建制に脅かされていると考えた。ウリ、シュヴィッツ、ウンテルワルドなど各地方の人々は、みずからの腕力で自由人の権利を守った。

われわれの連邦制度は、連邦を構成する各人の相互尊重の考えから生まれたものである。

1848年のわが憲法は、この基本原則を認めている。すべての国民の共通の幸福をはかるために、国家に強い力を与えて、それを共同のものとしつつ、一方では、国民各自は、思想、言語、精神的伝統については、自由である。今日、このようにわれわれが理解する連邦制は、各個人の独立を保ちつつ現に生き続けている。連邦制は、すべての国民の幸福、連帯、相互支援のために、共同体の団結を求めている。

共同体全体の自由があって、初めて各個人の自由がある。われわれが守るべきはこのことである。

国家がうまく機能するために

今日のスイスは非常な平和愛好国である。しかし、常にそうであったのではない。過去には過失もあった。その過失は、われわれが将来をはっきり見通すための指針としての役に立つ。わが祖先は自由と独立を守るために戦った。この点で彼らの英雄的行為に感謝を捧げる。しかし、わが祖先は、近隣の土地を侵略し征服するためにも戦った。このため彼らは破滅しかかった。が、そのことを充分に理解して、侵略戦争を放棄したのである。

この賢明さによって平和がわが国にもたらされた。その平和を守り続けることによって、世代から世代にわたって国民の期待にこたえるような国を、石を一つずつ積んでいくように建設することができたのである。完全な国をつくるためには、常に手を加えなければならない。

　わが民主主義の真価は、絶えず必要な改革を促すことである。

どのような制度も、生きものと同じように、それ自体の生命力によって変化することからのがれるわけにはいかない。すべては進化する。思想も、風俗や経済情勢と同様に進化する。だから、国民や、国民を代表する議員が、常に注意深く制度を見守ることは、どうしても必要である。

この注意深く見守ることによって、制度の改革が求められてくる。それは、改革であって、めくら滅法の破壊ではない。革命は、しばしば、益よりも害となる。革命のあとの恐怖政治は、歴史の示すとおり、独裁制による血まみれの様相を呈した。無秩序は、結局、暴君が現われて鞭をふるうことを求める。

しかしながら、権力が、ある個人に集中し、抑圧された人々が、その独裁者を追放するために立ちあがるほかなくなったときに、革命が必要となる。

> 民主主義は、何も生み出さないでじっとしていることと、破壊的に転覆することとの間に通じる、狭い、山の背のような道を、用心深くたどらねばならない。

各人の義務は、この法則に従って生き生きと生きることである。公けの問題に無関心であることは、この義務に忠実でないことを意味する。すべての破壊を欲することは反逆である。

法は、われわれすべてを拘束するが、われわれを守るものでもある。われわれも法の制定に参加せねばならない。もし、制度の改善のために何もせず、共同体の管理に参加しないならば、自分たちの制度について不平を言う資格はない。

健全な民主主義を推持し発展させていくためには、建設的な反対派による批判、審査が必要である。この反対派は、欠陥と不完全性を指摘し、えぐり出す。

賢明な異議申し立ては、必要な改善を促し、この改善によって共同体の安全平穏がはかられる。消極的逃避や組織的反抗は、有益な努力を無駄にし、妨害し、意味ないものとする。

とは言っても、世論は、個個ばらばらな意見に分裂してしまうと、何ら実りのないものになるので、どうしても党派が必要になる。自由とは無政府主義ではない。無政府主義は、国家に関するすべての義務を全面的に否定するものである。各個人の政治的自由は、精神的家族感あるいは経済的家族感というワク組みの中で現わされねばならない。このようなワク組みは、その中の各自の意見と利益を守るに足るものである。このような共同体生活のきまりの外で権力がふるわれると、秩序が失われ、効果がなくなり、弱く、不安定となり、効率が悪くなる。

もし、固く団結した多数派によって事に対する決定の責任がとられないならば、生き生きとした民主主義は存在しなくなる。また、もし多数派が、その力を勝手気ままに乱用して、すべての国民の持つ合法的権利を国民の一部に対しては否定する、とするならば、その国には平和がなくなってしまう。

良心の自由

わが連邦憲法は、「全能なる神の御名によって……」ということばで始まる。スイスの州の大部分は正式にキリスト教会を認めている。これは単なる伝統だろうか。伝統以上のものだろうか。——信仰と宗教的な思想は、もはや18世紀における信仰や宗教的思想と同じではない。現代的な合理主義は信心を必要としない。自分の宗教上の立場を明確にするよう迫られたとき、それを躊躇するスイス人はたくさんいる。

その国民に完全な良心の自由を与えないようになったら、スイスは、もはやスイスではなくなるであろう。また、完全な良心の自由は、各自が他人の信念を尊重することを求める。

その上、わが国には、新教にも旧教にも仕える教会が幾つかある。カトリックの司祭と新教の牧師との関係も良くなった。これはキリスト教における好ましい発展のしるしである。

伝統的な寛容の精神をのりこえて、ほんとうの友愛関係の到来を期待することができる。今日、われわれは、宗教上の紛争などは、どんなものでも真っぴらである。

文化闘争は消え去った。

反ユダヤ主義も過去のものとなった。キリスト教上の異説も、良心の自由の証拠として大目に見る必要がある。この自由主義が、ときには、宗教に対する無関心から来るものであることは否定できない。しかし、これはまた、往々にして、隣人愛と公民としての義務の考えを充分考慮した結果でもある。このような場合、これは、われわれが政治的に円熟していることを証明している。もし、われわれが寛容であってはならない場合があるとすれば、それは、他人の良心の自由を侵害する不寛容な連中に対してである。

われわれは、過去において宗教戦争によって大変な被害を受けたので、宗教と宗教との間の平和のありがたさを知っている。これは人間の最も深遠な課題にかかわるものであるだけに、これこそ何よりも必要なものである。

われわれは、あらゆる宗教上の信念に対して、単なる寛容にとどまることなく、心から尊敬の念を払う義務がある。

理想と現実

われわれ一人ひとりが目標とすべき理想と、実際の境遇との間にこそ、すべてに相対的な人間の状態がある。われわれが理想とするスイスと、毎日われわれの目に入る現実のスイスとの間には、ときには、相当の距離が見受けられる。

しかし、少なくともわが国民は、全体として、善意を持ち、絶え間ない努力を払い、平静さに安らぎを覚えつつ、最善の状態に到達するような方向に向かっており、もしこれを認めないものがあれば、それは間違いであろう。

わが国民はよく働き、われわれの商品は世界中で歓迎されている。「スイス製」というマークは、優秀な商品の代名詞ともなっている。わが国の威信は、勤勉な全国民の正直さを基礎としている。われわれの清潔さ、規律正しさ、相互理解の精神、政治情勢の安定などが模範とされることも、稀ではない。

しかし、わが国民がすべての点において満点というわけではない。

われわれの欠点に気づくために、充分な批判的精神を維持しよう。そして、欠点をなくすために、充分なエネルギーと愛を維持し続けるようにしよう。毎日、新しい問題が生ずる。それらの問題に対しては、正義と進歩を求めるわれわれの意思に従って、この意思を具体化し、りっぱな解決を与えよう。

わが国の人口は毎年増加するし、土地の価格はますます高くなる。こうして、裕福でない人々にとっては住宅の苦労がより大きな問題となる。将来はどうなるのだろうか。

わが国の農民も保護せねばならぬ。湖と河川は汚染される。都市はあまりにも騒々しい。建設のための土地開発は、ますますその必要性を増す……。われわれは多くのことをしているが、それでも充分ではない。都市がいなかを荒らし、農民は農産物の流通に不満を漏らす。山間部の農業は深刻な危機に直面し、家賃はあまりにも高い。それに、高すぎる税金……。

その上、われわれの不幸の種は常に新しく追加されるし、また、議会では、町角で毎日漏らされるいろいろな願望が大きく取り上げられない日はない。

もしも国民が、自分の国は守るに値いしないという気持を持っているならば、国民に対して祖国防衛の決意を要求したところで、とても無理なことは明らかである。

国防はまず精神の問題である。

自由と独立を守るためでなければ、どうして戦う必要があろうか。自由と独立こそは、公正と社会的正義がみなぎり、秩序が保たれ、そして、人間関係が相互の尊敬によって色どられている社会において、りっぱな生活を保証するものである。

わが当局は、常に細心の注意を払って、退嬰主義を生み出しかねない満足感に対して警戒を怠らないことが必要である。

たとえば、科学の研究を初め、芸術活動の奨励の分野においても、また、裕福でない学生への援助の面においても、西欧の幾つかの国々から学ぶべき点がある。

また、わが国の経済は、外国人労働者に強く依存しているが、これでは、国際的緊張が発生した場合には、ある日突然、労働力不足という事態に陥りかねないので、今のこのような状態が正常なものであるかどうかを検討する必要がある。われわれは、好景気によってもたらされた生活の快適さに安住しやすい性癖を持っているが、これも検討に値いするだろう。われわれは、楽な生活の中で柔弱になり、努力を好むという大切な性格を失いつつあるのではないだろうか。

わが国には、まだ全面的な発展が必ずしも充分でない地域も残っているが、それを忘れそうになっていないだろうか。また、幾つかの山野において、われわれは人口の過疎化という遺憾な現象に直面しつつあるのではないか。

わが国の事情が、全体として、うまくいっているからといって、改善の余地がある点から目をそらすべきではない。

女性の公民権上の平等という問題も、解決せねばならないのではないか。

それでは、国家の問題に対して相当多くの国民が興味を示さない事実を、どのように説明すべきであろうか。改善すべき法律や制度は、まだまだ残されている。

これを実現するには、みんなの協力が要請される。

国民全体の要求に対して、一部の者が消極的で無関心であることは、悲しい現象であり、われわれの民主主義の活力に疑いを生ぜしめる可能性がある。

国家の防衛――これは、今日、平和な都市の中で、われわれの置かれている真の状態を、雄々しく、かつ、明敏に認識することから始まる。

受諾できない解決方法

わが国においても、他国の場合と同様に、民主主義の機能の欠点の上から、その制度そのものを変えるべきだとの結論を出す国民がいる。

彼らは全体主義国に目を向けて、力による解決方法を選ぼうとするが、このような解決方法は、みずからの道は自分自身で決定することを伝統として尊重する国民大多数が、嫌うところである。

わが国が、その必要に基づいて連邦制をとっており、政治形態が民主制であり、そして何よりも自由と独立を重んずる以上、このような、わが国で実行不可能な全体主義的イデオロギーは、単なる常識あるいはちょっとした観察力に照らしても非難される。

われわれは、本能的に、個人の独裁や一党独裁制を嫌い、憎む。したがって、政府の施政や行動を、国民とその代表者が監督するにあたって、そこに何らかの妨害を受けることは、断じて認めることができない。

わが国の新聞は、批判する権利の行使に対して少しでも危険が見受けられそうになると、たちまち烈火のごとく憤るが、この考えは正しい。

わが国民は、特定の分野において、連邦政府に対して、より大きな行動の自由と新しい権限を与える必要があることに気がついて、これを実行した。わが国の道路網が整備されたことが、これを証明している。しかし、そのことと、今までの行き方を全く覆して、われわれの本来の道とは異なる進路を選ぶこととの間には、良識ある国民ならだれも越えることを欲しない大きな溝が横たわっている。

われわれは、わが国が今のままであること、すなわち、明るく、開放的で、そこでは、みんながわが家にいる気持を抱く家庭であり続けること、間違っても格子の入った牢獄などにはならないことを望む。

自由に決定すること

われわれは、今、われわれが必要だと思うことを、みずからイニシャティブをとって実行し得る権利を与えられているが、もしも、わが国の制度が保証するこの権利を放棄したりなどすれば、それは最大のあやまちを犯すことになる。

わが国の政治機構を動かしていくことに常時参加することは、賢明な国民として行動することである。

それは、わが国の欠点を非難するだけでは充分とは言えない。われわれ一人ひとりが、その力の限り欠点を是正し、改良し、より、りっぱなものにするように努力せねばならぬ。

もしも、家庭内の生活が快適で、かつ、豊かであることを望むならば、地下室から屋根に至るまで家屋の維持保存には充分に気を配る必要がある。

そして、住む人の自由で幸福な生活を妨げるあらゆる外部からの侵入から、この家を守らねばならない。

あらゆる世代の人が、この建物の建築に自己の分担できる能力を寄与せねばならない。そして、時代おくれの制度は近代化する必要がある。

しかし、とるべき措置とその実行に関する決定権は、すべて、その家屋の持ち主に属するのである。

国民生活を、より幸福に、より愛されることのできるものとなし得る大規模な計画を実現するには、まず、国家の独立が保たれることが、その前提条件である。

国を愛するということは、何も、その風景だけを愛することではない。美しい国土は、その場所で各自の能力をより大きく発揮し得る、道徳的、精神的な建物の土台であるに過ぎない。

人間は社会生活を営むようにできており、人間相互の関係は、法律によって定められている。このことを、みずから進んで、または他から強いられてでも受諾する個人を、法律は、あらゆる次元で守らねばならない。一国が、国民をその国に強くつなぎとめるのは、その国の法律がどれだけ人道的であるかによるのである。

わが国の風景と同じくらい魅力のある風景は、世界中至る所にある。しかし、わが国の法律や制度は、われわれに則してつくられたものである。われわれが、わが国で、どこよりも、しあわせに感ずるのは、このわれわれの法律や制度のおかげである。

われわれが遺産として残すこの家の屋根の下で、われわれの子孫が満足する生活をおくれるようにするためには、みんながこの家を、常に、より人間的なものにするよう働く必要がある。

常に祖国を建設する必要がある。未来は現在においてつくられるのだ。進むことは人生の条件そのものである。

未来の家を建てるために、心を合わせて働こう。

国家の価値は、国民の能力に比例する。制度や法律も、寛大で、信念を持った国民によって運用されるのでなければ、何の役にも立たない。利己主義は、破壊と頽廃に導く主義である。

おのれの国に奉仕するのは、戦争という大きな危険が訪れたときだけではない。何も、武器を手にしてのみ国家のために闘うわけではない。われわれ各自が、その考えと、その心を、国家の役に立てねばならぬ。

愛情は、単に、確かめ得ない心の動きではない。それは、意志の表明でもある。

愛情とは、全面的な誓いの対象とするのに値いする大義のために、精神をその役に立たせるよう傾けることである。

自分の国を愛するということは、まず、経済面であれ、政治面、知識面であれ、その国の現実のあらゆる面について、より深い知識を得る方法を学ぶことである。それは、また、国家に奉仕するため、国家を守るため、そして、国家をよりよくするために、みずからの力を出すことである。戦争になったら国家に最高の贈り物をする覚悟をすることである。さらに、その贈り物が、国家にとって有益でなければならない。

この本は、人生の価値に訴える。

そして、いかにしてそれを守ることができるかを示そうとするものである。

平和と自由は、一度それが確保されたからといって、永遠に続くものではない。スイスは、何ら帝国主義的な野心を持たず、領土の征服などを夢みるものでもない。しかし、わが国は、その独立を維持し、みずからつくった制度を守り続けることを望む。

そのために力を尽くすことが、わが国当局と国民自身の義務である。軍事的防衛の準備には絶えざる努力を要するが、精神的防衛にも、これに劣らぬ力を注ぐ必要がある。

国民各自が、戦争のショックをこうむる覚悟をしておかねばならない。その心の用意なくして不意打ちを受けると、悲劇的な破局を迎えることになってしまう。

「わが国では決して戦争はない」と断定するのは軽卒であり、結果的には大変な災難をもたらしかねないことになってしまう。

将来のことはわからない

……将来われわれに何が起こるかは、だれにもわからない。今、世界は、平和と戦争の間に生きている。あちこちで新しい戦火が燃えあがっており、地球を二分するイデオロギーの潮流は、局地戦争を全面戦争に変えてしまう可能性がある。いかなる根拠のもとに、われわれには戦争の危険などないと主張できるのだろうか。わが国の周辺で、どの国が武装を放棄したか。どこでも軍事費は増大している。世界には、恐るべき核戦争の脅威がのしかかっている。毎朝、新聞がわれわれに思い出させてくれる真実は、残念ながら、以上のようなものである。全く、われわれに将来何が起こるかは、だれにもわからないのだ。われわれの平和な生活をその手中に握っている強大国が、理性的であり賢明であることを、心から希望する。しかし、希望を確実な事実であるとみることは、常軌を逸した錯誤であろう。そこで、最悪の事態に備える覚悟をしておく必要がある。

……たとえ、遠くで行なわれる戦争でも、わが国の経済に重大な打撃を与える可能性がある。地球の端から端まで、経済的な利害は——したがって政治的な利害も——きわめて複雑に入りまじっているので、世界中で起こったことは、すべてわが国にも関係がある。わが国の貿易収支を一目見れば、わが国がどれだけ世界経済に依存しているかが、よくわかる。われわれの食料品の相当部分は外国から輸入されている。燃料もそうであるが、特に動力用の燃料は、その全部が外国から入ってくる。 そして、 他方、わが国の輸出がとまれば、スイスの労働者はその大部分が失業のハメに陥る。このことを、われわれはよく考えてみる必要がある。

さらに考える必要があること……

……さらに、われわれは、一国の占領というものには、いろいろの形態があることを考えねばならない。強大国は、核破壊兵器を保有しており、弱小国に対しては、これを用いずに戦わずして手に入れようと、圧力をかけてくることも可能である。核戦争によって砂漠のように荒廃した国を手に入れるよりも、物資が充分供給されている国に手をつけるほうが、得策ではないだろうか。そこで、戦争は、心理戦の形態をとるようになり、誘惑から脅迫に至る、あらゆる種類の圧力を並べ立てて、最終的には、国民の抵抗意志を崩してしまおうとする。現代においては、宣伝の技術や手段はきわめて発達しているので、あらゆる形での他国に対する浸透が可能である。われわれの記憶に残っているところでも幾つかの例があげられるが、ある国のごときは、防衛の態度を何ら示さないうちに敗北し、占領されてしまった。なぜかと言えば、それは、その国民の魂が、利害関係のある「友人」と称する者の演説にここちよく酔わされて、少しずつ眠り込んでしまったためである。

あらゆる災害……

……戦争の悲惨な様相は一般に知られている。しかし、まだわれわれの知らない新しい様相もつくり出されるかもしれない。戦争について考えてみよう。――空を横切る爆撃機、落下して市街を破壊するロケット弾、煙の出ている廃墟を押しつぶす装甲車……。戦争では、もっとひどいことが行なわれる可能性もある。直接の攻撃を受けなくても、ある国は、放射能のチリを浴びせられるかもしれない。また、その泉、その水が汚染されて、疫病が住民全部に被害を与えることもあり得る。これらについても、よく考えておく必要がある。それも、今日から……。

……ということもあり得る

……第二次大戦の経験によって、わが領空の一部がわれわれの制空権から離れてしまうことがあったことが示された。意図的でなかったにしても、外国の航空機がわが領土に被害を与えたのだ。わが国がいかに一生懸命に中立を守っていても、中立だからといって、あらゆる危険からわれわれが保護されているわけではない。将来の戦争では、過去の爆撃機よりも恐ろしいミサイルが使われるだろう。わが国が紛争に直接巻き込まれることがないとしても、わが国に振りかかるかもしれない火の粉――危害に対しては、今から充分の備えをしておくべきである。

もう一つの危険……

……1939年から45年にかけての第二次大戦の経験によって、わが国があくまで中立を保持していても、特定の強国、または連合した交戦国のグループに

よって、わが国が完全に包囲されてしまう可能性のあることがわかった。このような情勢は、また現われるかもしれない。これに直面し対処する準備をしておこう。第二次大戦のときと同様のことが再び起こったら、どうなるか。外部との交通は遮断され、物資の供給はとどこおり、通信手段はほとんど機能しなくなる。避難民が洪水のように流れ込む。人道的見地から、われわれは、これらの人々を養い、宿泊施設を提供する義務があるが、その中には、その行動を監視せねばならない疑わしい客もまじっている。……さらに、政治的難民を受け入れたことについて、われわれは脅迫されるかもしれない。万一、わが国が、ある連合の軍隊によって包囲された場合、一体、だれがわが国を助けに来てくれるだろうか。われわれが頼りにできるのは、われわれ自身でしかない。

さらに予想される事態……

……さらに予想される事態として、交戦国の一国が、前線での戦闘で期待した優勢を確保できずに、わが領土の侵害を考えるような場合があり得る。過去の幾度かの戦争で、わが国はこのような危険に遭遇した。われわれは、休みなく、これに対応する方策を講じてきたが、同じような性質の危険が再現する可能性がある。

最悪の事態……

……最悪の事態には、わが国の領土の一部、場合によっては全部が、侵略国の占領下に置かれることもあり得る。このような悲劇的な事態になっても、われわれは決して闘争をやめてしまってはならない。占領下においては、レジスタンスが、まず秘密のうちに始められ、それが次第に活発になり、そして解放の日まで続けられるのである。

われわれの義務……

……いずれにせよ、われわれの義務は、被害を最小限度に食いとめるために、最悪の事態に備えることである。戦争がなくても、われわれは、恐ろしい災害や重大な危険に脅かされる可能性がある。ダムの破壊や人工湖の崩壊による洪水についても考える必要があるし、また、核実験による大気圏内の放射能の増加についても考えておくべきであろう。他方、現代の科学技術は、人間の手に実に強大な力をゆだねているので、ちょっとした失敗が、はかり知れない重大な結果をもたらす可能性がある。こうして、たとえば、原子力の平和利用に伴う事故から、一地域全体が放射能で汚染される危険すらあり得るのだ。単に技術の面だけでも、われわれは常に危険にさらされている。効果的な防衛方法は、間に合わせにつくるわけにはいかないのだ。

全面戦争には全面防衛を

今日の戦争は、だれひとり見のがしてはくれない。それは、総合戦争である。したがって、国民が生き残ろうと思えば、これに対する対策もまた総合的でなければならぬ。
まず第一は軍事的手段による防衛であるが、これには、民間人の保護と、わが国の経済生活、精神生活についての適切な政策が、つけ加えられねばならぬ。レジスタンスは、まず、自由と独立の価値、それがいかに大切なものであるかということを認識した国民各自の、その意志に基づく行為である。

軍隊　軍隊は、常に、外部から加えられる攻撃と、領土の内部で誘発される混乱に対処できるように、準備されていなければならぬ。その準備の度合いは、いかなる奇襲をも不可能とし、また、どのような侵略の企ても引き合わないようにさせるものでなければならぬ。

国民保護の制度　国民を保護する制度は、住民の生命を救い、負傷者に手当をし、その他、戦時および平時における災害の際に必要なことを行なうためのものである。その手段としては、避難所の建設、警報制度の組織化、空、河川、湖、食料物資の監視などがある。
この制度のもとには、戦時消防、工事、保安、衛生、被災者援助などの係りが置かれる。
その任務の一部は、軍の国土防衛隊にも属する。

政治的な防衛

政治的な防衛では、わが国の諸制度がうまく運営されるように注意するとともに、陰険な、ときには激しい内政干渉によって、われわれの自由と独立が弱められたり、基本的人権が侵害されたりすることを防止する。

経済的な防衛

経済的な防衛では、食糧、原料、エネルギー源の供給を確保して、わが国が、特定の外国や、外国のグループに、経済的に依存せざるを得ないような事態になることを防ぐ。

社会的な防衛

社会的な防衛においては、全国民に受け入れられる社会情勢の維持に心がける。国民が、その生活状態を守るために戦う覚悟を持つのは、あくまでも、その生活状態に国民が満足している程度に応じてであって、それ以上ではないのだから、国民が受け入れる生活状態を実現し得る社会情勢を維持することが必要である。

心理的な防衛

精神的な防衛においては、われわれの独立の意志を弱めようとする外国のイデオロギーの宣伝攻勢に抵抗できるようにするために、正しい情報を国民に提供するように心がける。

また、ここでは、国民に対して、民族的な価値に対する正しい認識を持たせ、それを深めさせるように努力する。その民族的な価値というものの中には、祖国およびその諸制度に対する愛情のほかに、人類、特に開発途上国の国民に対してわれわれが持つ連帯感、それに基づく義務も含まれる。

国土の防衛と女性

わが国の人口は少ない。したがって、自由と独立を維持しつつ、わが国土をわれわれの子孫に受け継がせていくためには、国家の危急存亡にかかわる重大なときに、すべての国民は、人口の多い他の国々以上に、あらゆる力を国土の防衛に集中しなければならない。男子は、必要な場合には、軍服を着て前線に立ち、生命を賭けて戦う。経済の分野においては、男性も女性も、ともに困難にたえ、食糧を確保し、国や民間のいろいろな企業が活動を停止することのないように努力しなければならない。このような場合に、女性の果たすべき任務と責任は、きわめて重要である。

新聞などには、時折り、ある国のこととして、兵隊にとることのできる男子の数が少ない祖国を守るために、女性が銃をかついで訓練を受けている写真が掲載されているが、われわれは、このようなことをわが国の女性に期待しているわけではない。たとえ、過去において、女性が男性とともに銃をとった事例があるにしても、それは、きわめて例外的なことであった。軍というものは、単に兵士ばかりでなく、多くの補助員、後方勤務者を必要とするのであり、さらに、これらの人々が強い精神力を持っていなければならないのである。

戦時における女性の任務は、何よりもまず救護活動に協力することにある。われわれが女性に期待するのはこの点であるが、この任務の達成は、近年ますます困難となって来ているので、平時から充分に心がけておく必要がある。

民間防災組織は、非常の場合に女性がその任務を達成するために必要な、いろいろな技術や知識を習得するための組織である。この組織で、必要な技術や知識を充分に身につけた女性が、家庭にあって、自分自身および子供たちの生命をしっかりと守っていることを知っただけで、男子は、いかなる戦いをも戦い抜く意志と力を持つことができる。これこそ、国土の防衛にあたって女性が行なうことのできる最大の貢献である。民間防災組織における女性の勤務は志願制であるが、このような、生命の保護を目的とする組織には、すべての女性が喜んで参加するであろう。

他方では、スイスの女性は、軍属として、さまざまな補助勤務をすることによって祖国に貢献することができる。すなわち、女性が、軍の警報発令所、電話交換台、事務所、対空監視哨、野戦郵便所、酒保、伝書鳩班などで勤務したり、また、病院車の運転手、軍の炊事班、あるいは避難民収容所など、働く所はたくさんあるが、そういう所で働けば、それだけ男子を戦闘や歩哨勤務など、第一線にまわすことができる。

傷病兵を看護する女性要員は赤十字に配属されており、実験室助手、レントゲン助手、女医、看護婦、補助看護婦、篤志看護婦、特殊技能者なども、赤十字の各組織に属している。このように赤十字の各組織に配属されている女性たちは、軍の病院衛生施設ばかりでなく、民間の施設においても欠くことのできない人々である。

戦時において、人命保護および人命救助のために救護組織に参加する者は、手をこまねいて傍観している者よりも困難にたえることができる。つまり、自分の任務を、義務を、はっきりと自覚している者は、混乱や恐怖に直面しても、それに簡単に巻き込まれるようなことはない。だから、一朝有事の際に役に立ちたいと思っている者は、平時からその任務遂行のための準備をしておかなければならない。

蜂蜜は、いつも流れ出ているわけではない

平和の状態がいつまでも続くとは限らない。だから、それに備えなければならない。わが国は今や600万人以上の人口を持つに至ったが、スイスは、その全人口を養うための食糧を完全には自給することができず、その50%、つまり、年間300万トン以上の食糧および飼料を輸入している。これは、10トン積みの貨車35台分に相当する量を、毎時間、昼夜の休みなく輸入するというわけになる。わが国の経済がさらに発展し、豊かになるに

つれて、国民を養うための食糧、および加工業のための原材料や半製品を確保するために、わが国が輸入に依存する度合いは、今後も高まっていかざるを得ない。このような意味において、封鎖や戦争にまで発展する可能性のあるストライキ、革命、あるいは政治的緊張は、それが世界の何処で発生しようともわが国の輸入の安全性を常に脅かし、ひいては生活必需物資の補給の道が断たれるに至る危険さえある。そのような事態が生じたら、スイスは、自国内の生産および在庫に頼って、やって行くよりほかない。したがって、一たび輸入がとまったとなれば、買いあさりが行なわれやすい。この買いあさりは、すべての人が充分な資金力を持っているわけではないから、反社会的な行動として、これを非難しないわけにはいかない。さらにまた、買いあさりが起これば、流通機構に平常以上の負担がかかるので、日常生活用品の供給が困難になり、ひいては国内の在庫品の分配が不公平になる。このような買いあさりに加わることは、自分の社会連帯意識の低さ、つまり、自分勝手なことをしたのでは社会が成り立たないという意識が欠けていることを、暴露するだけでなく、自分が有事の際の備え、貯えを怠っていたことを証明するにほかならない。

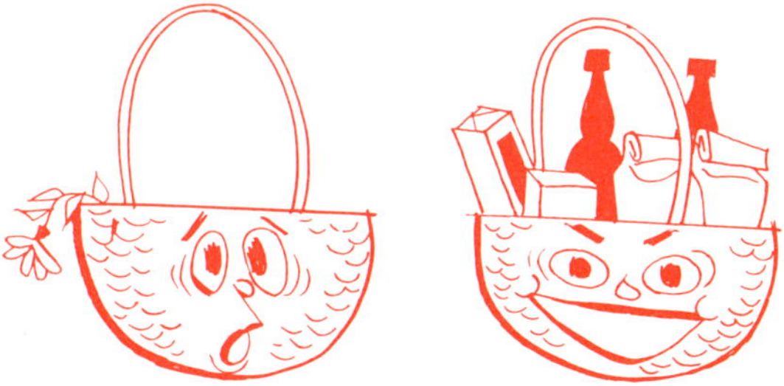

もちろん、このような場合には、わが国の関係当局は、1～2ヵ月の間、重要な輸入食料品の販売を禁止する緊急措置をとって、その間に、食料品、石鹸その他の洗剤、ガソリンなど、卸売業者および輸入業者の手元にある日用在庫品の配給、あるいは平等な分配のための準備体制を整える。

われわれとしては、米、小麦粉、麺類、からす麦、とうもろこし、豆類、食用油、砂糖、コーヒーなどのほか、石鹸その他の洗剤、ガソリン、繊維製品および靴などに対する販売の禁止が行なわれる可能性があることを、平時から充分覚悟しておく必要がある。このような事態に備えて、われわれは、家族1人当たり少なくとも次の物資を非常食糧として備蓄しておかなければならない。米＝2キログラム；麺類＝2キログラム；砂糖＝2キログラム；食用脂肪＝1キログラム；食用油＝1リットル、さらに、このほか、スープ、ミルク、果物、肉、魚などの罐詰も貯蔵しておく必要がある。

これだけの用意をしておけば、販売禁止令が出ても、家族にひもじい思いをさせないですむし、また、お客も、もてなすことができる。しかし、これらの備蓄をするのには、政治情勢が悪くなってからでは遅すぎるのであって、今のうちから少しづつ心がけておかなければならない。

ただ、家計の都合で備蓄が困難な家庭だけは、販売禁止令が実施されても特別の証明書で食料品を買うことができる。こういう家庭は、前もって市町村当局によって指定されることになっている。

以上のほか、石鹸などの洗剤も常に貯えておくことが必要であり、また、冬の燃料は、前もって夏の時期に備蓄しておいたほうがいい。そのほうが、ずっと安くつくし、手に入りやすいからである。販売禁止令が出ると、供給者の手元にある在庫品は、たとえ前もって代金が支払われていても持ち出しができないことになっているが、この規則は燃料にも適用される。したがって、消費者がすでに代金を支払っているが、置き場所がないために手元に運んでくることができないような燃料は、倉庫会社などに預けておくことも一つの方法である。

備蓄に際しては、品物を小さな包みの形にして、内容と買い入れた月日をはっきり書いておけば、備蓄したものを補充したり、あるいは古い順に選び出して使う場合に、便利で都合がいい。備蓄しておくときの置き場所も問題である。それぞれの品物を使いやすいように整理しておくことも必要だし、たとえ住居が小さくても、ちょっと工夫すれば、壁ぎわに立てた箱、戸袋の羽目板、部屋の隅などを利用して、品物を貯えることができる。

備蓄しておく品物を合理的に保存する方法は、いくつかの基本原則を守り、備蓄品を一定の期日ごとに検査して、悪くなったものは取りかえることである。

砂糖は、湿気を防いで、アリがつかないようにしておけば、備蓄品として、いつまでも保存することができる。入れ物としては、壺、ブリキカン、密閉したガラス容器などが適当である。

固形油脂は、低い温度のところに置いて、ネズミなどが寄りつかないようにしておけば、半年くらいは充分置いておける。固形油脂は腐敗しないように定期的に買いかえなければならない。

食用油は、カンや、光をさえぎる紙をはったビンに入れて、暗くて涼しい場所に置けば、1年間ぐらいは保存できる。

米は、虫がつかないようにして、乾いた、風通しのよい場所に置けば、1年は保存にたえる。米の入れ物には、目のこまかい布袋が適当である。

石鹼やその他の洗剤は、乾燥した、風通しのよい場所、たとえば屋根裏などに貯蔵しておけば、何年でも保存できる。

計画を立てるというのは、明日のことを考えることである

民間防災というのは、戦時でも平時でも、あらゆる種類の災害から、一般民衆、また、民衆の住む市町村を守ることである。これは、わが国土防衛上、重要で欠くことのできない部分を占めており、その任務遂行にあたっては、戦時たると平時たるとを問わず、軍の地域防衛隊の援助を受ける。

民間防災組織は、非軍事的な組織であって、市町村などの自治体によって設置され、特定の官庁がこれを指揮するものである。スイスにおいては、民間防災組織は法務警察省の管轄下に入っているが、武装をしていないので、戦闘任務につけられることはない。わが国土が、一時的にせよ、長期的にせよ、敵に占領された場合にも、民間防災組織はその活動を続ける。その構成員は国防軍には属していないので、戦闘行為の際に捕虜として捕えられることはない。

民間防災組織は、女性と、徴兵義務のない男子から成り立っているのであって、その訓練は、数日間という短期のコースによって行なわれる。

この組織は、自己防護という理念に立脚してつくられているものであるから、組織の構成員の多数は、自分自身の家で、その家族の防護という任務を遂行する仕組みになっている。したがって、子供のある主婦でも民間防災団に参加することができる。これらの主婦たちは、有事の際には、看護婦として、自分の子供や、受け持ち区域の病人や老人を引き取って、その世話をすることができる。主婦たちがそのために払う犠牲は、有事の際に隣人を助けることができるようになるための訓練を、数日間受けることだけである。

大きな災害を受けたとき、一般住民を救助するためには、民間防災組織のほかに、高度の救護資材を持ち、かつ、軍事的に訓練された、強力な部隊が必要である。これが国防軍の対空防災隊である。この部隊は自衛のための武装部隊であるが、特定の地上戦闘任務は持たず、大部分は人口の多い市町村に配置されていて、各大隊は、特に重大な場合に動員可能な予備人員として、いつでも出動できるようになっている。対空防災隊は、爆撃を受けないように、かつ、大規模な被害が生じた場合に直ちにかけつけることができるように、市町村の外で待機している。

国防軍の地域防衛隊は、国防軍と他の官庁や民間人との間の連絡の役割を果たしていて、特定の地域の防衛を担当することによって、野戦軍を援護し、その負担を軽減するのである。その主要な任務は、主要な建物の警備、気象予報、ナダレの監視、情報および警報の伝達、物資の徴発、企業活動の制限、在庫品の規制などのような戦時経済的の措置をとること、警察保安業務、交通規制、避難民や捕虜や逮捕者の収容など、多方面にわたっている。

このような地域防衛隊の活動は、警報発令、看護施設の設置とその運営、警察的な措置、交通整理、スパイやサボタージュの取締りなどをすることによって、一般住民に直接的な利益を与える。このような任務を達成するために、地域防衛隊は、民兵から成る軽歩兵中隊、看護および補助警察分遣隊などを、その指揮下に置いている。

平時および緊張が高まりつつある間は、連邦放射能監視委員会の警報組織が、放射能の有無の確認を行なう。戦時および準戦時下においては、この役割は地域防衛隊によって遂行される。すなわち、空気、降雪、降雨、水、水槽、食料品などに含まれる放射能の量を常に検査して、もし放射能が危険な程度に達していれば、住民に対して警報を発し、対処すべき適当な措置を伝える。現在すでに常時活動態勢に入っている監視本部では、放射能に関する内外からの情報を集めて、危険な事態に立ち至った場合には第一次警報を発する手はずを整えている。

地域防災長

民間防災組織の設置を義務づけられている市町村は、現在約1000に及ぶが、どの市町村でも、それぞれの民間防災組織の責任者として**地域防災長**を任命する。

それらの防災長は、民間防災組織が、その地域の実情に即して、設置された目的に合った構成になっているかどうか、有効に活動しているかどうかを検討する。また、自分の受け持ち区域内にある危険に侵されやすい地域、建物、施設、交通網などの所在を、あらかじめ確認しておく必要がある。そのようにして、防災長は、その指揮下の民間防災組織を動員する場合の計画を立てておかなければならない。防災長の任務は、防災組織の主力を動員すべき場所と時期や、住民の自力防護にまかせてよい地域を、判断し決定することである。したがって、防災長たるものは、技術的知識や決断力と同時に、情勢を判断する能力および指揮能力を持っている必要がある。

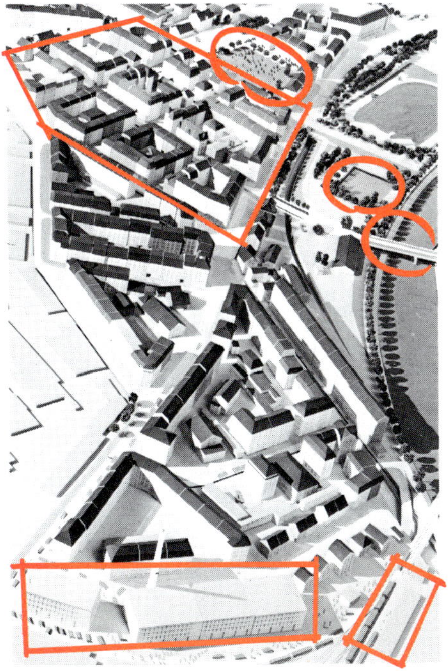

どこに重要な軍事的、経済的目標があるか？

どの地域に特に火災の危険があるか？

どの道路や通路が特に土砂くずれの危険にさらされているか？

どこに最も多くの人々が集まるか。昼間は？ 夜間は？

どこに消防用水があるか？

どこに貯水池を作るべきか？

地域防災長の命令系統には、自警団組織および地域防災組織が属しており、地域防災長は、国防軍の地域防衛隊および近隣の市町村との連絡係の役割りも果たしている。対空防災隊が配置されているすべての市町村においては、これらの部隊は地域防災長の指揮を受けて行動する。

自警団組織

自警団は、住宅自警団と職場自警団から成り立っている。住宅自警団は、住民60名ないし80名ごとにつくられるが、その構成は次のとおりである。

団長	1名
退避所責任者	1名
看護衛生責任者	1名
その他	少なくとも6名

職場自警団は、行政機関、100名以上の従業員のいる職場、50台以上のベッドを持つ病院などに設置される。

自警団の任務は、家庭および職場における民間防災規則の遵守、その受け持ち地域における安全と秩序の確保、防護資材や医療用品の供給と確保、小規模な火災の消火、その他、負傷者の応急手当、地域の治安をかき乱す原因となるものを取り除くことなどである。

地方自治体の民間防災組織は、効率の高い消火器具および工事用具を備えていて、地域防災長の指揮のもとに活動する。

小さな町村には独立の戦時消防班しか置かれないが、大きな町村では、各種の機能を果たし得る防災組織が編成されている。

地域防災組織

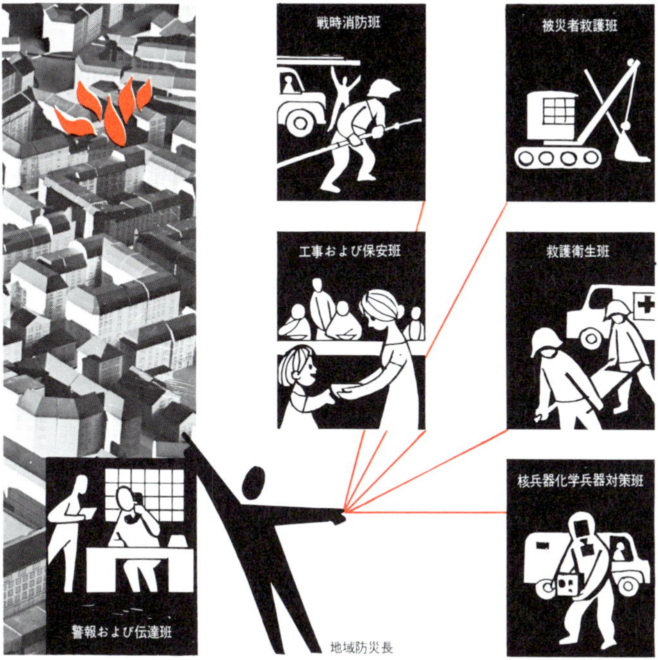

民間防災組織法の規定

義務制および志願制：

国防軍に召集されない男子は、20才から60才になるまで民間防災組織に参加する義務を負う。(第34条、第35条)

女性は16才から民間防災組織に志願することができる。(第37条)

民間防災活動に参加する義務を有する者でも、病気その他特別の理由がある場合には、その義務を免除される。たとえば幼児をもつ母親、扶養家族を有する者がこれに相当する。(第43条)

装備：

市町村当局は、地方自治体の民間防災組織および住宅自警団の団員に対して、必要な装備を貸与する。(第64条)

家屋の所有者は、住宅自警団のために、所定の資材を購入し、これを供与する。家屋の所有者は、この資材を市町村当局から割引価格で購入することができる。(第66条)

補償：

民間防災組織に参加する者は、報酬や収入の減少に対する補償、災害保険、健康保険、生命保険などに関する請求権を有する。民間防災組織の任務に従事することは解雇の理由とすることができない。(第46条～第49条)

訓練：

地域防災組織および職場自警団の団員と住宅自警団長は、最高3日間程度の入門コースで訓練を受ける。

団長および特殊専門家は、最高12日間程度の基礎コースおよび上級コースの訓練を受ける。

地域防災組織および住宅自警団長と職場自警団の団員は、訓練および報告のため、毎年最高2日間の召集を受ける。(第53条、第54条)

民間防災のための必要人員

1市町村の住民を10,000名として、その中から平均1,300名の国防軍要員および900名の外国人を除けば、残りは 7,800名、そのうち3分の2は、子供、老人、虚弱者、病人など民間防災団員として不適格者である。また、子供や病人を世話しなければならない主婦、その他、家庭にとって欠くことのできない者は、民間防災の要員から除外しなければならない。したがって、民間防災要員の適格者は、多くても 7,800名の3分の1、すなわち 2,600名程度である。

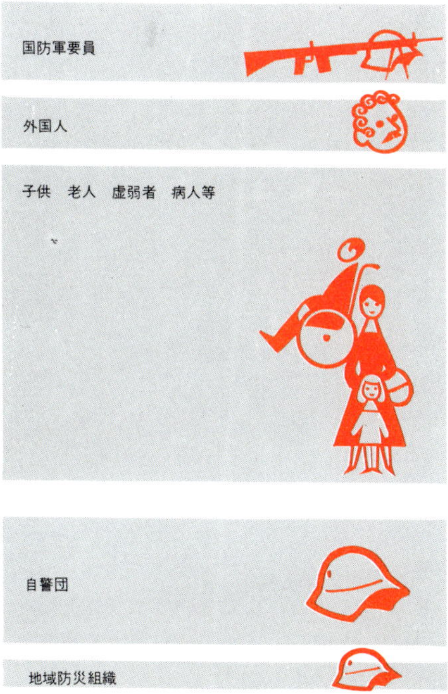

民間防災要員のうち、4分の3は自警団に、4分の1は地域防災組織に配属される。

地域防災組織

警報伝達、指揮

警報伝達は、指揮のために必要な手段である。情勢情報、防空警報、警報解除、核兵器化学兵器に関する情報、ダム破壊などに関する情報は、すべて国防軍の地域防衛隊によって発せられる。情報班は、地域防災長に対して情報を逐一報告し、その指揮を効果的なものにしなければならない。

戦時消防班

戦時消防班は、平時には市町村消防団としての役割りを果たすとともに、戦時にはさらに重要な任務が追加される。地域防災長は、住宅自警団および職場自警団の活動だけでは不充分と認めた場合に、戦時消防班を必要な地点に差し向けるのである。

工事班

工事班は、破壊家屋や土砂くずれなどで生き埋めになっている者の救助、さらに土砂くずれなどで不通となった道路の復旧工事に従事する。

保全班

保全班は、公共施設保全職員と協力して、水道の保全修理等の任に当たる。

衛生班

衛生班は、負傷者および病人の看護と輸送を担当する。負傷者は、応急手当所で手当を受けるが、重傷者はさらに、区または市町村の救護所に運ばれる。ここには医者もいるので、緊急手術を受けることもできる。

核兵器化学兵器対策班

核兵器化学兵器対策班は、核兵器および化学兵器による危険を探知して、放射能の除去あるいは毒性の除去などの仕事をする。

被災者救護班

被災者救護班は、被災者に対して宿舎の提供および給食を行なうことが、おもな任務であるが、さらに、市町村当局と連絡して、親類や知人の家に同居するための便宜をはかるとか、生活必需物資の供給を行なう。

以上のほか、大きな市町村には、その他の班も設けられる。たとえば輸送班、この班は、地域防災組織の内部の輸送業務を調整する。給食班は、勤務中の民間防災団員および被災者に対する給食を行なう。補給班は、民間防災組織が必要とする物資、資材、施設を確保する。市町村の警察は、秩序維持の任務を遂行することによって、地域防災組織を援助する。

防災組織の編成

6つから10くらいの住宅自警団が区画自警団を編成し、400名ないし800名の住民の安全をはかるのを任務とする。区画自警団長は、住宅自警団の相互の間の協力関係がうまくいくように指導する。

大きな市町村では、6ないし10の区画自警団をもって1個の区域自警団をつくる。区域には4,000名から6,000名の住民が含まれる。さらに、区域自警団が集まって最低2万名の人口を持つ地区自警団をつくり、大都市では、地区自警団が集まってさらに大きな自警集団を編成する。

これらの各単位の防災組織の所在地と責任担当地域は、あらかじめ指定される。また、国防軍の地域防衛隊や、隣接する地域防災組織との間にも連絡をとり、相互に協力することになっている。

都市の周辺には対空防災隊が待機している。

職場自警団の構成人員は、従業員の数ばかりでなく、企業の敷地の規模や建物の種類、企業の種類、火災や爆発発生の危険の程度などによって決定されるが、原則として、従業員 100名の場合にはその20%、 500名の場合には12%、3,000名の場合には5%が、防災要員とされる。

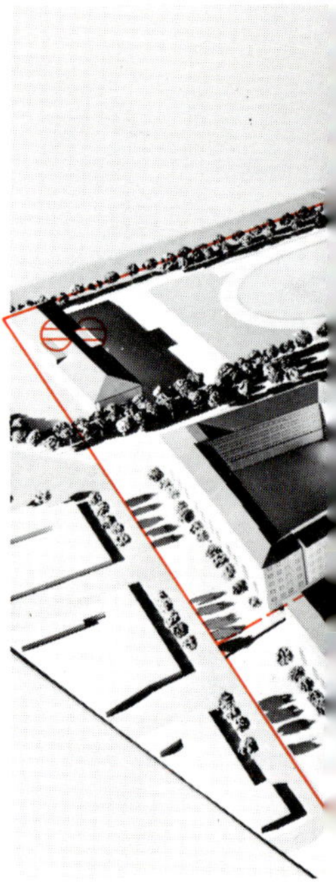

区域自警団長
区画自警団長
職場自警団
分遣隊
工事班
貯水池
応急手当所
救護所
区域の境界
被災者収容所
被災者収容支所
区画の境界

避難所に入った家族は生き延びることができる

わが国防軍は、スイス国民の生命と自由を守るために戦うが、その戦いも、一般民衆、女性や子供が生き残ってこそ意味があるのである。

一般国民にとっての退避所は、軍の要塞や地下壕に相当するもので、そこに入ってはじめて生き延びることができる。一般国民が生き延びることができれば、軍は、われわれを屈服せしめんとする敵に抵抗する勇気が出るのである。

今日における避難所は、第二次大戦のときよりも格段の重要性を持っている。近代的な破壊兵器は、全国土を一様に危険にさらすほど広範囲の被害を及ぼすし、核兵器は、農村に対しても使われる可能性がある。

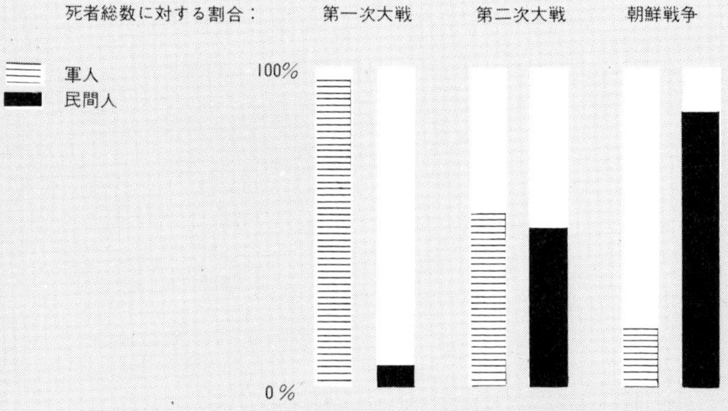

今日では大規模な空挺作戦が可能なので、わが国土も瞬時にして戦場となることもあり得る。その場合には、どこで戦闘が行なわれるかを予知することはできないから、住民の疎開は不可能であり、かつ、無意味である。地上で戦闘が行なわれ、あるいはまた、地表が放射能や毒性の物質で汚染された場合には、一般住民は地下の避難所で生き延びなければならない。

避難所は、次のような5つの条件を満たすものでなければならない。すなわち：

完全隔離

細菌化学兵器および放射性の灰から隔離されていること

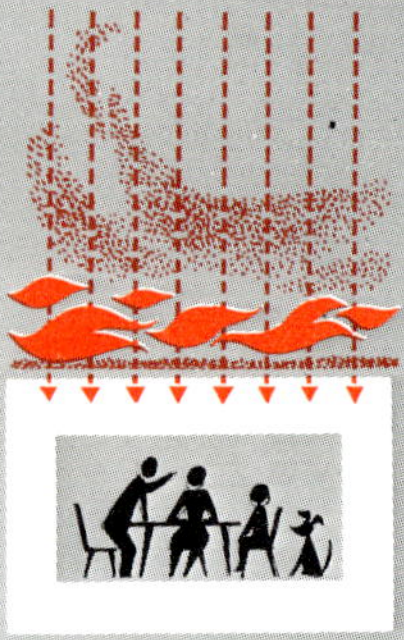

完全遮蔽

熱および放射能から防護されていること

生活が可能

避難所での生活は、換気装置、充分な食糧と水の備蓄によって可能となる
（305ページ参照）

第二次大戦では、せいぜい数時間を避難所で過ごせばよかったが、今日では、たとえば核兵器のもたらす放射能は数週間も残存するので、われわれは、避難所の中で長期間暮らさなければならない。さらに、警報発令と災害発生との間の時間がきわめて短かいので、危険が予想される場合には、できれば長期間避難所内で平静に仕事を続け、やむを得ない場合以外は避難所から出ないという生活が必要となってくる。

頑丈であること

建物の破壊、倒壊、原子爆弾などによる風圧および震動に耐え得ること

脱出口があること

完全な通路、非常はしご、非常脱出口が整備されていること

避難所は、できるだけ地下深い所につくらなければならない。また、外部からの救出を待たずに避難者が外に出られるように、避難所の規模に応じた非常はしご、非常脱出口を整備しておかなければならない。

避難所で長時間を過ごすためには、少なくとも次のようなものが必要である。（302ページ参照）

休息用ソファーおよび椅子
スポンジ・マットおよびエア・マット
毛布、寝袋、リンネルのタオル
貯蔵品用の棚
電話機、バッテリー式のラジオ、長さ数メートルのアンテナ線およびラジオ用電池
料理設備（避難所で使える程度のもの）
洗い場の設備
簡易便所
脱臭剤
1人当たり30リットルの水入れ（ビンやブリキ製のもの）

雑貨、たとえば
皿、茶わん
ナイフ、フォーク、スプーン
紙のナプキン
罐切り、栓抜き
懐中電灯および予備電池、ろうそく
マッチ
カレンダー
裁縫道具
文房具
トイレット・ペーパー
紙袋
消毒剤
洗剤
くずもの入れ
新聞

消火器
消火用水の入れもの
消火用の砂
シャベル、つるはしてこ棒
手おの
のこぎり
かなづち、ハンマー
折り返えしのある手袋
本書の 303ページに掲げてある医療用品
放射能や毒性の物質に汚染された衣類の入れもの

子供のための牛乳ビン
ベビー・フード
紙製おしめ
ベビー・パウダー
ベビー・オイル

着がえ用衣類
本書の 305ページに掲げてある避難所用の備蓄食料品（14日分）

聖書
書籍
おもちゃ
集団遊戯用具

われわれは避難所を建設する必要がある

人口 1,000 名以上の自治体については国の法律により、避難所を建設する義務が課されている。1,000 名以下の場合でも、特定の自治体については州の規則により同様の義務が課されている。言葉をかえて言うならば、これらの自治体では、新しい建物を建てる場合には、少なくとも最低の基準に合った避難所をつくらなければならない。

このような避難所の建設費用については、連邦、州、市町村が、その約75%を負担する。避難所を建設する義務のない市町村において、現存する建物あるいは新築の建物にでも、基準に合った避難所をつくる場合には、連邦、州、自治体から、さらに多額の補助を受けることができる。

市町村も、人の往来がはげしい場所、繁華街、交通の中心地点に、あるいは私有の避難所をつくることのできない人々のために、公共の避難所をつくる。地域防災組織や病院には、特に頑丈な施設をつくる。

避難所をつくる者は、自分で選んだ建築技師と相談することになっているが、建築技師は、連邦の規則を守りながら、委託者の希望に沿った建設計画を立てて、市町村当局にこれを提出する。市町村当局は、これをさらに検討してもらうため、州および連邦当局に送る。連邦、州、市町村の当局によって計画が承認されれば、これらからの補助金の支払いも保証されるわけである。

建築技師は、工事を完了した後、避難所建設費用の勘定書を市町村当局に提出する。市町村当局が、完成した避難所とその勘定書を検査して、これを承認すれば、補助金は、建築計画の委託者に支払われる。

核戦争に至らない場合たとえ激しい爆撃を受けても、このようにして建設された避難所の中にいれば、国民は安全である。また、住宅自警団も生き残って緊急救護活動を行なうことができ、避難所で爆撃を免れた地域防災組織も活動することができる。

核戦争の場合には、爆撃中心地から遠いほど、その影響は減少する。われわれは、まず爆心地においてはすべてが破壊されるものと想定しなければならないが、爆心地から離れた地帯では、地上のものはみんな破壊されても、避難所内の人々は生き残ることができる。

住宅自警団、職場自警団、地域防災団は、核兵器化学兵器対策班によって、放射能の危険がないことが確認されたら、すぐに活動を開始する。避難所がなかったら、核攻撃を受けた地帯では、人間が生き残ることができず、したがって救護活動も行なわれないという結果になるであろう。

基準どおりの避難所は、防護度１と認定される。その基準のおもな点は、できるだけ地下深くつくられていること、周囲に壁があること、大きな建物の下にあることなどである。

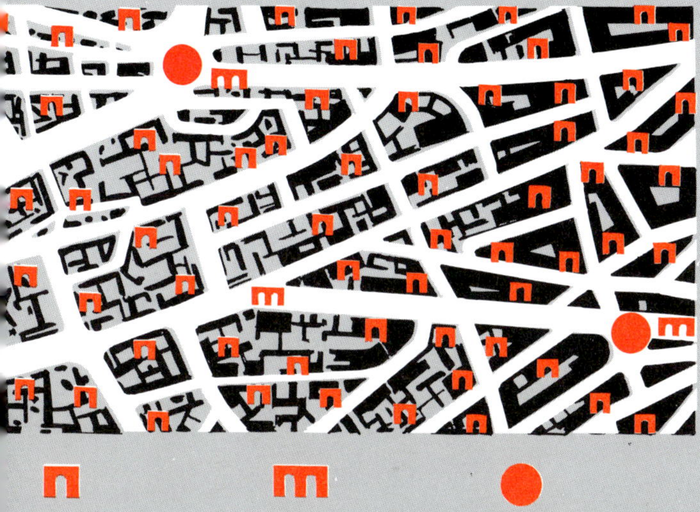

私有の避難所　　公共避難所　　地域防災組織の施設

こういうわけで、避難所は、爆心地から離れていれば、核爆発による震動、第一次放射能、放射性の灰、あるいは通常爆弾などに対する防護手段としての役割りを果たすばかりでなく、焼夷弾やそれによる燃焼の危険、建物の倒壊、破片、細菌化学兵器などに対しても、同様の役割りを果たしてくれる。

連絡と指揮

民間防災においては、連絡がうまくいってこそ、指揮、すなわち、人員や資材の合理的動員ができるのである。その際には、それぞれの部署の責任者に対して、その受け持ち事項に関する情報が即座に通知されることが重要である。

同時に、各責任者は、自分の受け持ち以外の事柄についても充分承知している必要がある。

報告は、通常、電話、無線電話、伝令を通じて行なわれるが、それは簡単明瞭で、かつ、正確でなければならぬ。すなわち、いつ、どこで、何が起こったか、それに対応する措置などに関する情報が必要である。

文書による通告は明確に書かなければならぬ。口頭による報告または命令は、これを受け取る側の誤まりを避けるために、必ず復唱させなければならぬ。

ゲルダ・ミュラー夫人は住宅自警団長である。彼女は自分の任務をよく心得ており、隣接の住宅自警団、救護所および被災者収容所の所在地を知っている。

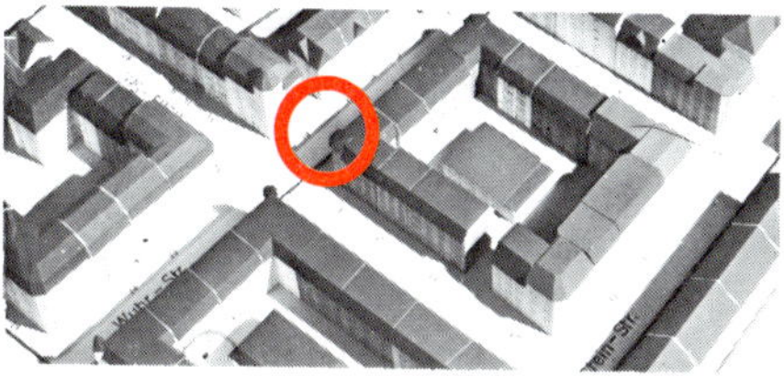

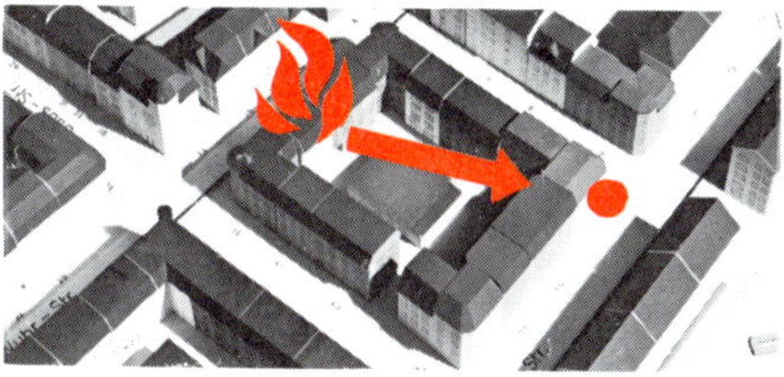

住宅自警団長として、ミュラー夫人は、ポスト通り8番、10番の住宅を担当し、第12区画自警団長の指揮を受けて行動する。災害が起こったら、住宅自警団に処理を依頼するとともに、第12区画自警団長の所に伝令を派遣して、災害が発生した場所、時刻、損害の程度、これに対してどう処置したかなどの事項を、正確に報告する。

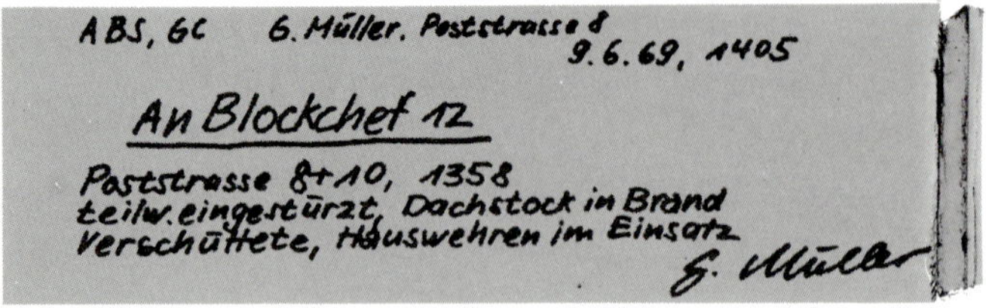
ABS, 66 G. Müller. Poststrasse 8
9.6.69, 1405

An Blockchef 12

Poststrasse 8+10, 1358
teilw. eingestürzt, Dachstock in Brand
Verschüttete, Hauswehren im Einsatz
G. Müller

発信人番号66　　ゲルダ・ミュラー　ポスト通り８番地
1969年６月９日　14時05分
第12区画自警団長あて
ポスト通り８番、10番地住宅　13時58分一部倒壊、屋根裏に火災、閉じ込められている者あり、住宅自警団に出動要請。
ゲルダ・ミュラー

負傷者は救護所に運ばれる。ミュラー夫人は、被災者に被災者救護班に行くよう指示。

第12区画自警団の他の住宅自警団長からも、ミュラー夫人の報告と同様の報告が、たとえ自分の担当住宅に損害がない場合でも、区画自警団長に対して行なわれる。

報告がない場合には、区画自警団長は、住宅自警団長とその部下は死んでしまったか、あるいは土砂に埋められたか、または内部に閉じ込められたものと推測せざるを得ない。したがって、区画自警団長に対しては常に報告が行なわれなければならない。

第12区画自警団長は、自分の区画の被害状況を、文書で、伝令を通じて、第1区域自警団長に報告する。

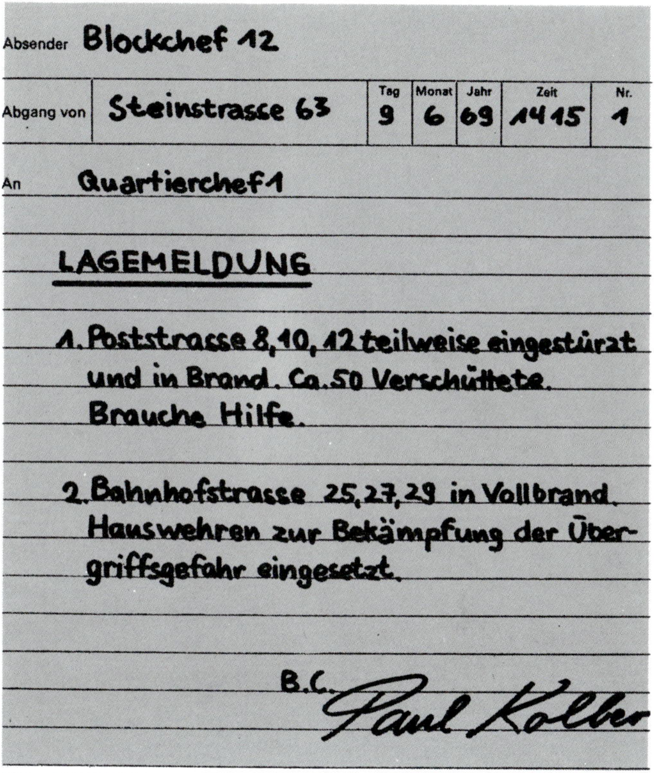

Absender Blockchef 12

Abgang von	Tag	Monat	Jahr	Zeit	Nr.
Steinstrasse 63	9	6	69	1415	1

An Quartierchef 1

LAGEMELDUNG

1. Poststrasse 8, 10, 12 teilweise eingestürzt und in Brand. Ca. 50 Verschüttete. Brauche Hilfe.

2. Bahnhofstrasse 25, 27, 29 in Vollbrand. Hauswehren zur Bekämpfung der Übergriffsgefahr eingesetzt.

B.C. Paul Kolber

発信人　第12区画自警団長

発信場所		日付	月	年	時刻	番号
	シュタイン通り63番	9	6	69	1415	1

あて先　第1区域自警団長

情勢報告

1．ポスト通り8番、10番、12番、1部倒壊、火災発生、約50人が閉じ込められている。救助必要。

2．駅通り25番、27番、29番に大火災、延焼阻止のため住宅自警団出動。

区画自警団長

ポール・コルベル

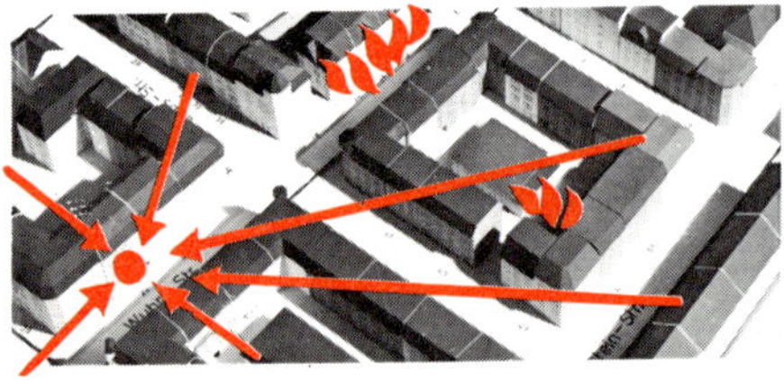

区画自警団長の報告に基づいて、区域自警団長は上司に報告を行ない、救援を要請する。

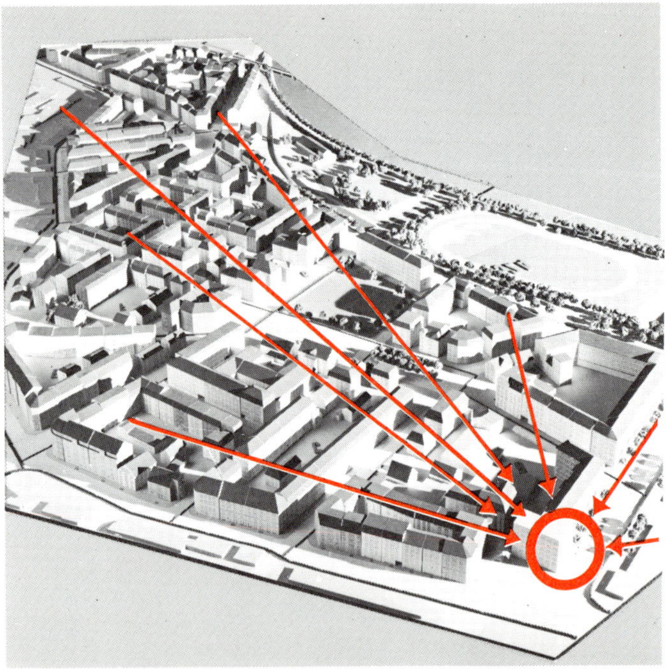

この報告を受けて、地域防災長は、情勢を検討した後、自分の指揮下にある地域防災団または職場自警団に出動命令を発する。

対空防災隊の動員も、この情勢判断に基づいて行なわれる可能性がある。

多くの被害報告を受けて、地域防災長は、戦時消防班、工事保全班、衛生班を、どこに投入すべきかを決定する。緊急の場合に、自分の住んでいる区域よりも他の場所のほうに、救援の必要の程度が大きいというような事態が発生し、自分の区域の防護はみずからの力にまかせざるを得ないこともある。このようなことをミュラー夫人はよく承知している。つまり、彼女は、自助の精神の重要性を認識して、住宅自警団を出動させた。このような状況のもとで他からの救援を頼りにすることは危険である。

このことは、応急手当とか、避難所内に閉じ込められた人々の自力脱出についても当てはまることである。

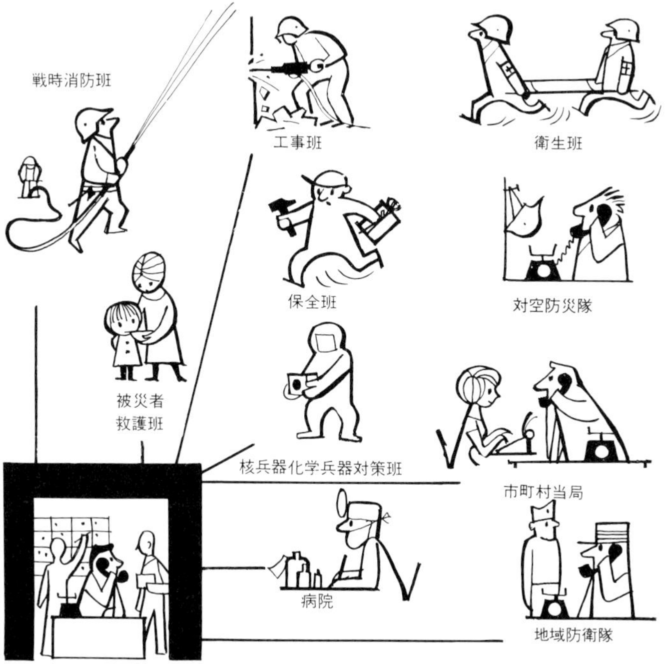

警戒！警戒！警報部隊に告げる

危険を確認してから惨事が起きるまでには、状況によって違うが、僅かに数分の余裕しかない。

しかし、スイスには、充分に整備された監視警報組織がある。脅威が目前に迫ったとき、軍隊と国民に対して警報を発し、急を告げるのは、国防軍の地域防衛隊の任務である。

地域防衛隊の下には、全国に20以上の警報発令センターを持つ警報部隊がある。

警報発令センターは、全国的に隙間なく配置されて機敏に活動している監視網から通報を得ている。防空に関する報告は、軍の防空情報部隊に伝えられる。防空監視に近代技術を採用することによって、小国としてのスイスは、比較的少ない経費で、自国の全領域と数百キロメートルに及ぶ国境を監視することができる。したがって、スイスに接近してくる飛行機は、国境のはるか彼方で発見されてしまう。

ダムの堰堤は水防警報分隊が監視しているので、爆撃やサボタージュによって破壊されれば直ちに発見される。軍と民間の核兵器化学兵器防災部隊は、核兵器や化学兵器の脅威に備え、危険を通報する。彼らは空中の放射能を監視し、また化学毒物を探知する。空中や水中の放射能は、すでに平時においては民間で定期的に監視されている。警報部隊は、生物兵器が散布されるようなことがあれば、必要な指令を発する。堰堤やダムは正確に測量されており、決壊の兆候を適時に発見することができる。

全スイスは、20以上の警報区に分けられており、そのおのおのに警報発令センターがある。

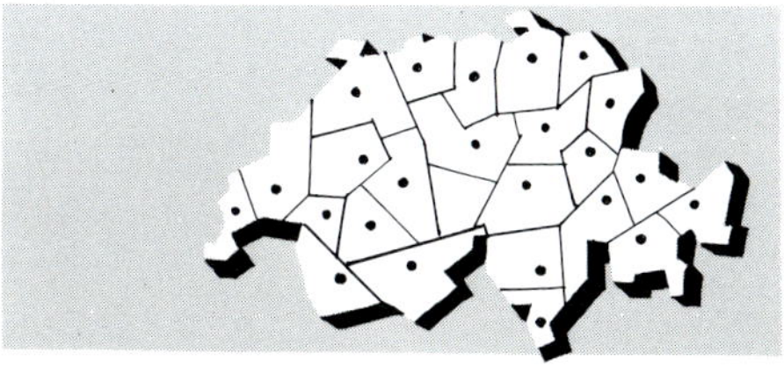

危険は地域的に発生することが多い。放射性のチリによる汚染や、ダムの決壊による氾濫は、わが国土の特定地域だけを危険におとしいれる。そこで警報発令センターのある各警報区は、単独に、あるいは隣接する警報発令センターと協力して、任務を遂行する。警報担当者は、適時に警報を発して急を告げる責任がある。警報の発令は電話網で行なわれる。

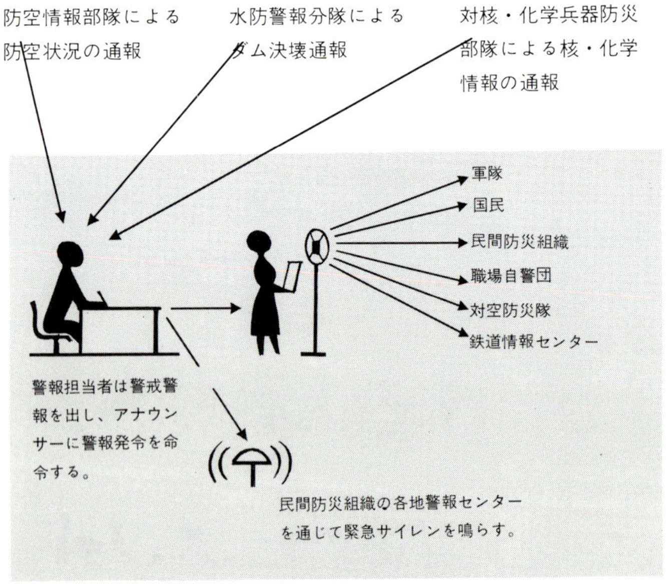

空襲警報のサイレンは、警報担当者の指令によって、各地民間防災組織の警報センターを通じて発せられる。警戒警報は、放射能の程度、毒物あるいは細菌による汚染の程度、災害の規模、ダムの決壊などによる出水の時期などについて、詳しく報ずる。警報や警戒指令は、また、有線連絡がなくても、電池式ラジオがあれば避難所の中で聞けるように、無線通話で行なわれるようにすべきである。したがって、電話やラジオ受信機も各避難所にぜひ必要なものである。

ある警報区に危険が発生した場合、その区内の通常の電話の通話は中断されて、全受信者は警報センターのマイクに連結される。

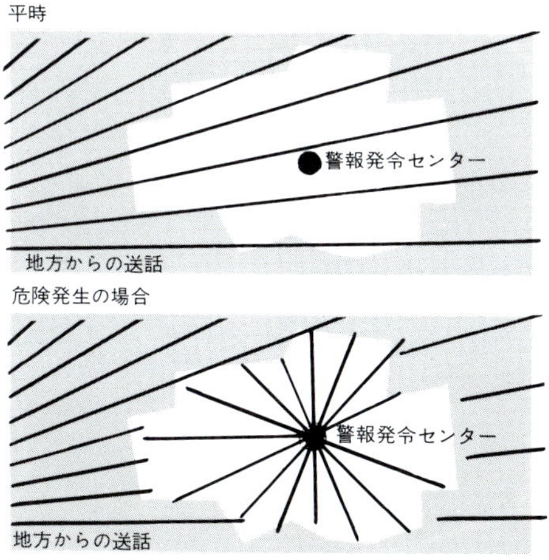

堰堤やダムが破壊して危機が迫った地域は、危険発生地帯とされる。

ここでは、ダムを監視する水防警報分隊が直接に洪水サイレンを鳴らして危険を告げる。

水防警報分隊は、ダムの破壊の程度を警報発令センターに通報し、発令センターはこの洪水警報を全危険地区に知らせる。

洪水警報が発せられたならば、住民は、その地区の民間防災組織の指示に従って、洪水地域から避難しなければならない。

洪水警報は危険の切迫を意味しており、他の危険報知よりも重大である。

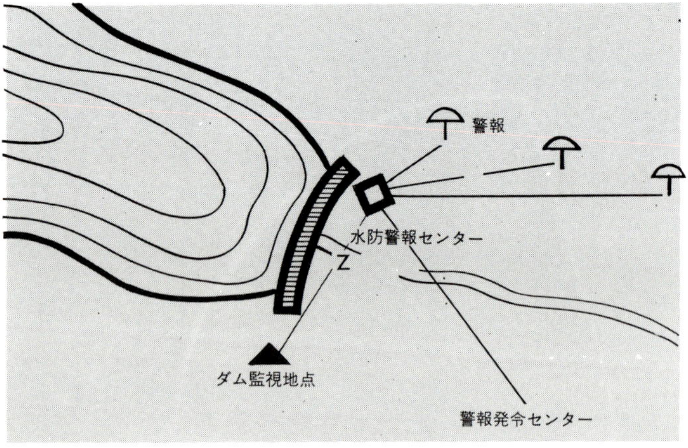

空襲警報！急げ！　生命が助かるかどうかは、秒単位の時間できまる。つまり、何秒という間に機敏に行動するかどうかが生命にかかわるのだ。そこで、避難所に入るいとまのない者は、急いで地下室か溝に入って、身体の露出している部分を覆う必要がある。

空襲警報と洪水警報のサイレンの鳴り方は、次のとおりである。

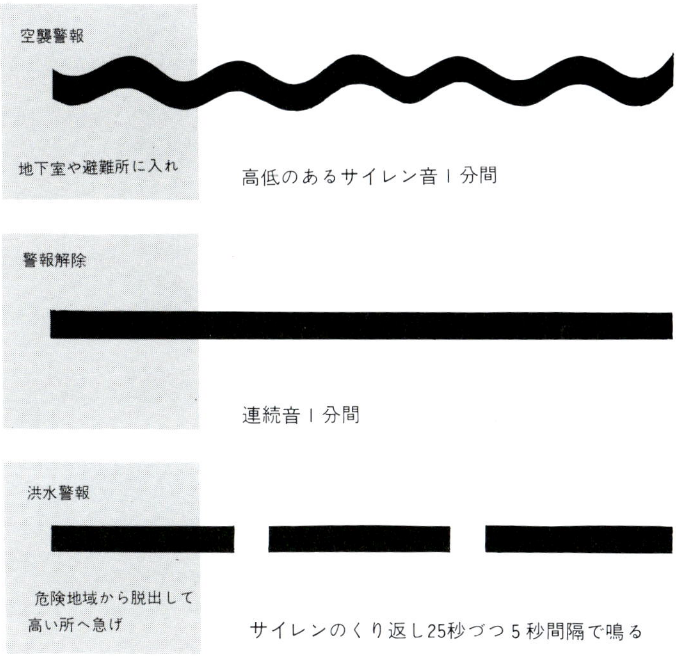

空襲警報
地下室や避難所に入れ
高低のあるサイレン音１分間
警報解除
連続音１分間
洪水警報
危険地域から脱出して
高い所へ急げ
サイレンのくり返し25秒づつ５秒間隔で鳴る

われわれは核攻撃からも守られている

われわれは核兵器で攻撃をしかけてくる敵を阻止することはできない。大国は、原爆や水爆を、数千個も貯蔵している。大砲、ロケットその他の誘導兵器や飛行機は、これらの爆弾や弾頭を、自由に目的地まで運ぶことができる。誘導兵器を意のままに使える大国は、あらゆる地点からそれを発射することができる。

核爆発の爆心地付近にいる者は、防ぐ方法がないが、爆発の効果は、直下から遠くなるにつれて急速に減っていく。しっかりした構築物に防護されていさえすれば……。したがって、われわれが生き延びられるかどうか、被害を小さくできるかどうかは、事前の準備が充分にできているかどうかによるのだ。

たとえ、わが国が戦争の渦中になくても、われわれは、外国で起こる核爆発の被害をこうむることがあり得る。スイス国外で起こる戦争を考えただけでも、核兵器に対する防禦についての徹底的な準備が必要である。また、可能性としてはきわめて少ないことだが、原子力施設で起こり得る事故についても考えておかねばならない。

たとえ国外で戦争が起きないとしても、また、大国が実際には核兵器を使用する気がないとしても、大国が、核兵器でおどして、政治的、経済的に圧力をかけることはできるし、ある民族をおどしによって従わせることもできよう。原爆に対する防禦の用意を完全に行なっている民族だけが、このような圧力に抵抗することができるのだ。

大国は、敵対国からの報復をおそれるあまりに実際に核兵器を使うかもしれないし、また、そのようなことは起こらないかもしれないが、それは、だれにも予測することはできない。だから、われわれは、原爆が使用されてもあわてないように、平素からその準備をととのえておくことによって、初めて自分の国を守ることができる。

その場合、避難所は最良の防禦法である。その避難所は、万一の場合、数週間その中で生活できるように準備をととのえておく必要がある。そのためには、空気浄化装置を持つ換気設備、充分な飲料水と食料品、簡単な家具、寝具や衛生設備が必要である。通路も、しっかりできていなければならない。非常出口、隣りの家との間の抜け穴、あるいは脱出口としても利用できる下水道もつくっておくべきである。

次の事実を直視せよ：昼間人口13万人の都市の上空 600メートルにおいて、20キロトンの爆弾が爆発すれば、準備の程度によって大体、次のような損害が出るだろう。

そこで、このような場合に、負傷者の救護のため必要なものは、次のとおりである。

急襲されたとき
血漿：3万リットル
食塩とブドー糖液：
20万リットル
モルヒネのアンプル：
10万本
繃帯：20万メートル

急襲されたとき

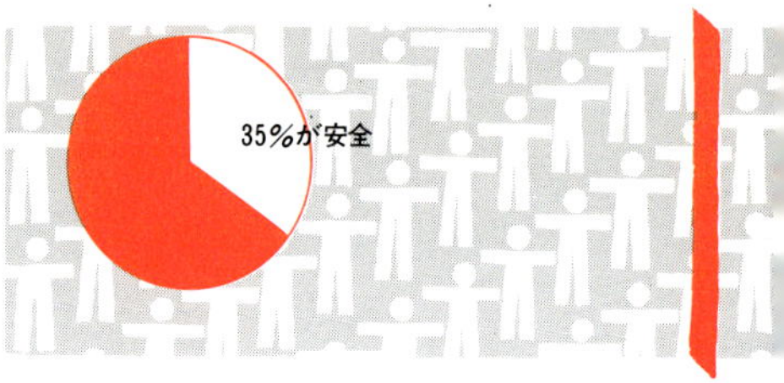

警報があったとき
血漿：2万リットル
食塩とブドー糖液：
8万リットル
モルヒネのアンプル：
7千本
繃帯：13万メートル

警報があったとき

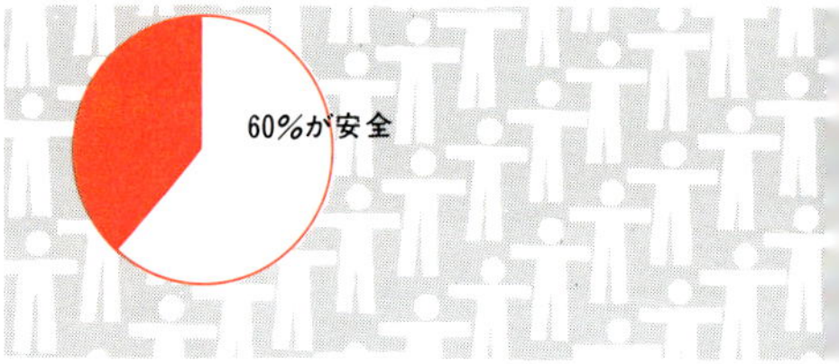

全員が避難所にいるとき
血漿：2千リットル
食塩とブドー糖液：
1万リットル
モルヒネのアンプル：
1千本
繃帯：2万メートル

全員が避難所にいるとき

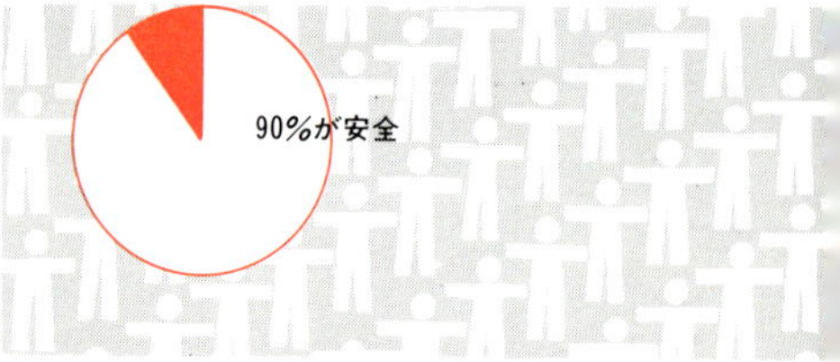

死亡者　35%=45,500人
負傷者　30%=39,000人
助かる者35%=45,500人

死亡者　23%=30,000人
負傷者　17%=22,000人
助かる者60%=78,000人

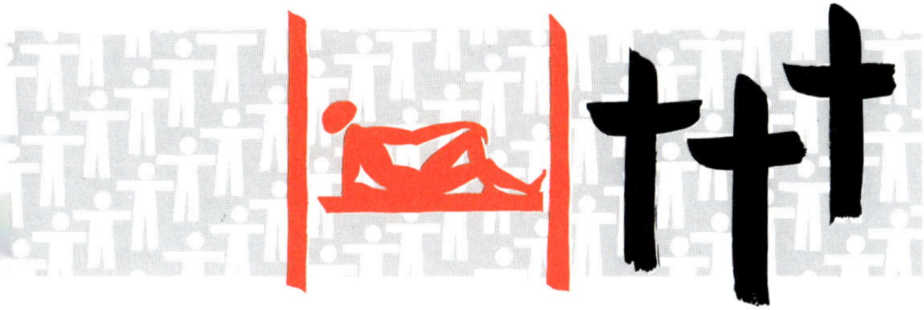

死亡者　8%=　10,400人
負傷者　2%=　2,600人
助かる者90%=117,000人

原爆の出す力

原爆のおそるべき力は、大体、次の3つである。すなわち、放射能、熱、圧力。われわれは、これらの性質と影響とを充分に知っておかなければならない。

熱

圧力

放射能

熱

爆発に際して白熱したガス球ができる。その温度は数百万度、つまり太陽の表面の温度の何倍にも達する。これから出る熱線は、光と同じ速度で数秒間放射されて、一時的あるいは永続的に人間は失明する。

火傷

皮膚の火傷は3つの程度に分けられる。

第1度のものは、皮膚が赤くなるが、すぐなおる。

第2度のものは、火ぶくれができて仕事ができなくなる。

第3度のものは、皮膚と皮下組織を炭化させてしまう。

火災

原爆の熱で、建物も森林も燃える。高い熱の波によって、すべての可燃性のものが瞬時に発火するからである。それに加えて、電線が切れ、ガス管が破損し、ストーブが引っくり返り、燃料がタンクから流れ出て、二次的な火災を引き起こす。

訳者注記：日本では火傷の程度を4段階に分けており、皮下組織の壊死がおこる状態を第3度の症状としている。

爆発地点の周辺地域で火災がひろがる速度は、気象状況や風の条件次第で違ってくるが、建物の密集の程度によって、1ヘクタール当たりの火災は次のようになる。

6－8軒の火災

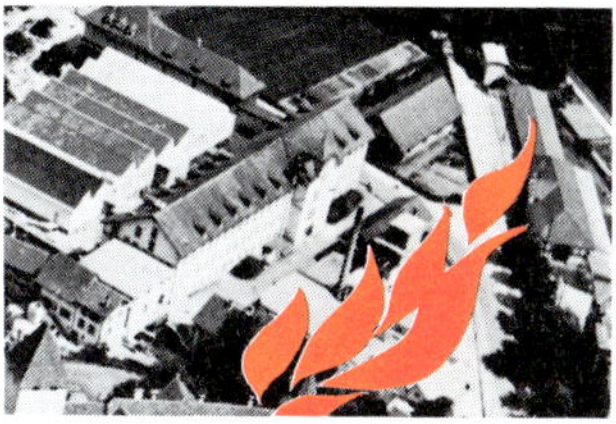

14－17軒の火災

20－22軒の火災

45－50軒の火災

熱線に対する防護

爆発のときに、避難所や溝の中など、熱線の陰になるような所にいれば、あまり恐れる必要はない。

しかし、爆発のとき戸外にいたら、つまり、突然あたり一面を輝やかす光球に襲われたら、あなたの運命は1秒の何分の1かできまることになろう。急いで遮蔽物の陰に飛び込めなかったら、その場で地上に伏せ、顔を下にし、両手を身体の下に隠しなさい。透明なものでないならば、どんなものでも、あなたの衣服でも、ある程度は熱線を防ぐことができる。このことを忘れないように。

圧力波

核爆発には圧力波が伴なうが、それは、強力な爆薬が炸裂したときと似ている。爆発の中心部の圧力は数十万気圧になって、激しい疾風のように周辺に広がっていく。行く手にあるものは、強い圧力波によって一撃のもとに押しつぶされ、その一部は台風のような突風で吹き飛ばされる。

圧力だけが直接に負傷者を出すことは少ないが、倒れた家屋、砕けたガラス窓、ひっくり返った乗り物や樹木のために、間接的に重傷者が出ることがある。圧力波によって吹き飛ばされた破片は、空中に飛び散って危険な弾丸となるだろう。

圧力波が襲った直後には、低圧状態が生じて、周囲の空気が吹き込み、今までとは逆の方向に、前よりは幾分弱いが烈風が長い時間吹き続ける。

圧力波に対する防護

完全に破壊された地域以外では、圧力波の危険性は急速に減少するが、この場合にも避難所が一番安全である。もし戸外で不意に圧力波に襲われそうになったら、すぐに地に伏せて、圧力波が過ぎ去るまで、つまり破片が飛びかわなくなるまで待ちなさい。地面の高低起伏、つまり、くぼんだ所でも圧力波は防げる。

放射能

核爆発が起きると、放射線が生じて、人体の健康を害し、大量にこれを浴びれば死亡することがある。この放射線はレントゲン線に似ていて、肌でも目でも感じることはできない。したがって、危険な放射線の存在を知るためには測定器が必要である。

測定器には次の2種類がある。

1．感知器　これは、放射線の強さ（線量率）、つまり単位時間当たり（秒・時間）の放射線量を測定する。

2．線量計　これは、ある物体の受けた放射線の全量を測定する。

放射線の強さ、すなわち線量率は、1時間当たりに照射する太陽光線に比較し得る。また、線量は、日光の照射で受けた光線の総量に相当する。線量は、線量率が一定であれば、その照射時間に比例するわけである。

放射線の強さをはかるためには、感知器を用いる。感知器というのは、たとえばガイガー・ミュラー・計数管であるが、これを用いて放射線を測定し、放射能汚染度を知るのである。ガイガー計数管は、トランジスター・ラジオと同様バッテリーで作用する。

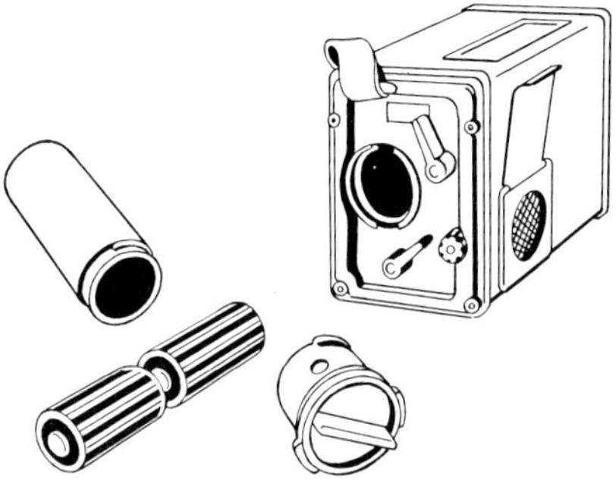

感知器の目盛り
測定範囲
0……1000ミリ・レントゲン/時(mR/h)

放射線の量の測定には線量計（フィルムー乾板ーイオン測定用線量計）を用いる。線量計は直接に読み取れるようになっている。

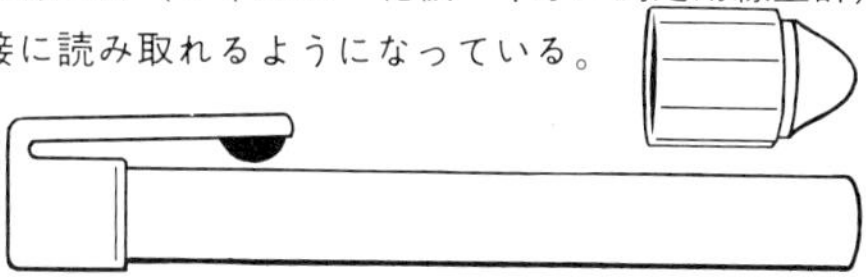

線量計の目盛り

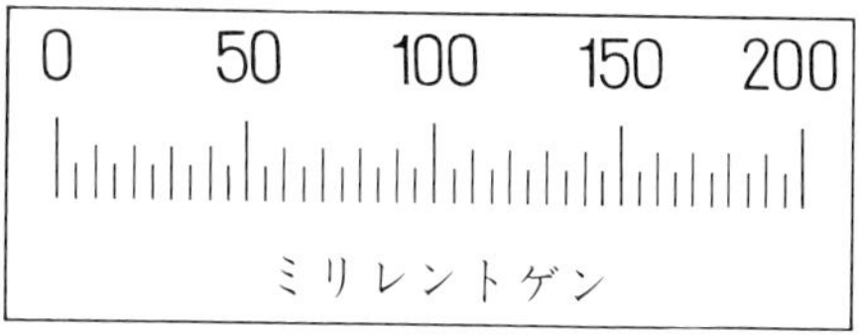

一次放射線

爆発に際して生ずる一次放射線は、きわめて強い浸透力を持っているが、放射線の出ている時間は僅か数秒間である。爆発の地点から離れるにつれて放射線の量は減っていく。人体の受けた放射線の量はレントゲン単位（レム）で示されるが、5レム以下なら危険はない。1回の放射線量が100レム以下なら人体への害はまだ少ないと思われるが、400レムになると放射線を浴びた者の半分が死亡する。600レムを越えれば全員が死ぬ。放射能は、放射線病という人体への有害な作用のほかに、高い放射線量を受ければ生殖機能に重大な障害を起こす。

爆心地の付近では、一次放射線の浸透した土地は放射能を帯びる。つまり、その土地自身が放射線を出し始めるのであるが、この放射能は、時間がたつにつれて急速に減っていき、爆発後数日でほとんど危険性はなくなる。

500キロトン原子爆弾が炸裂した場合に生ずる一次放射線によって、われわれが浴びる放射量は次のとおりである。

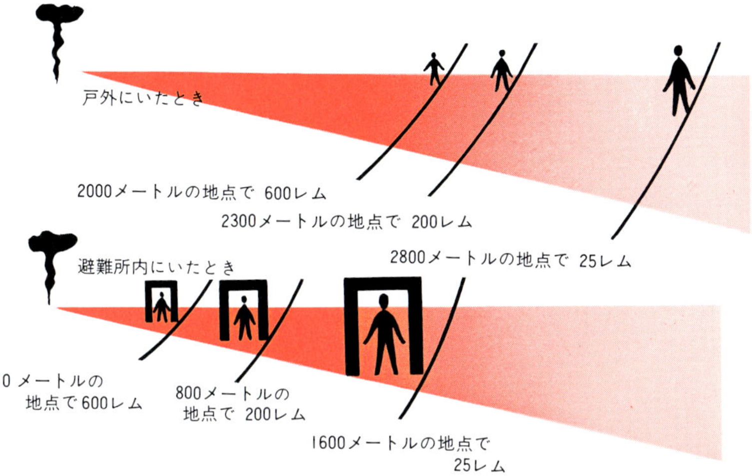

一次放射線に対する防護

どんな物質でも、多少は放射線を弱めることができる。その物質の密度が高いほど放射線を弱める度合が大きくなる。1メートルのコンクリートで固めた覆いがあれば、一次放射能は200分の1に、1メートルの厚さの土なら150分の1になる。

もし戸外で核爆発にぶつかったら、すぐ地面にうつ伏せになること。爆発とともに生ずる放射線は、光と同じように直線的に広がるから、地面の小さなくぼ地にでも入っていれば、放射線の一部分を免れることができる。

永続的または二次的放射線

核爆発に際しては、放射性物質——いわゆる核分裂物質ができる。地下や地表での爆発では、この核分裂物質の一部は、上空に舞い上がった土と破片に付着する。

風向きや風速によって、それらは爆発点から近くにも遠くにも降下し、土地を放射能で汚染する。その広さは数百から数千平方キロにも及ぶことがある。破片の中で大きいものや重いものは、爆発点付近の地上に落ちるが、小さいものや軽いものは、上昇する原子雲に巻き込まれて、その高さによって、時間がたつにつれて地表に舞い降りてくる。爆発点の付近は放射能に最も強く汚染されるが、そこから離れるにつれて減っていくのである。放射線は、1時間当たりのレントゲン単位を基準にして測定される線量(R/h)で示されるが、これは、時とともに、初めは急速に、それから緩慢なスピードで減っていく。

ごく小さい放射性のチリは、数カ月にわたってはるか上空に浮いており、雨とともに降下して、地表を汚染する。そのため、草、野菜、果実、ときには飲料水まで汚染されることもある。

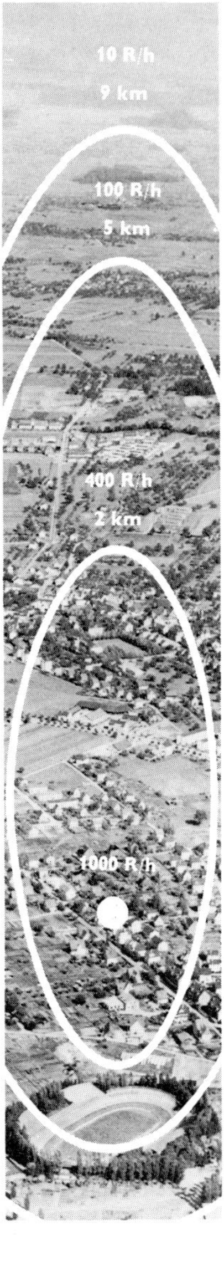

r/h=レントゲン/時間

放射能による汚染が強い場合には、鉄道や郵便、その他いろいろな企業も、数日間活動を停止しなければならないので、食料その他の供給もストップする。家畜は死ぬか、あるいは死ななくても飼料や飲み水を通じて放射性物質が体内に入るので、肉やミルクは食用に適さなくなることもある。

二次放射能に対する防護　二次的放射線は、どんな物質を使っても、一次放射線よりもはるかに効果的に弱めることができる。

1メートルの
コンクリート
放射線は
10000分の1
に弱まる
1メートルの土
放射線は
5000分の1
に弱まる

もし爆発が身近で起きたら、放射性降下物を身体に受けたものと考えて、衣服をぬぎ捨てるとともに、身体の露出した部分を徹底的に洗うか、シャワーを浴びなければならない。

われわれは、何日も、何週間も、放射能の汚染を受けない備蓄品だけで生活できるように準備しておく必要がある。放射能で汚染されるおそれのある生肉、野菜、果実、卵、牛乳などの食料品は、当局によって封鎖されて、検査した後、害がないとわかれば封鎖が解かれるが、その間は店で買うことはできない。これらの食料品の封鎖や検査は、民間防災組織の中の対核・化学兵器対策班の任務である。しかし、包装がしっかりしたものや、密閉された戸棚に保存されている食料品は、食べても差しつかえない。長い間、避難所生活をしなければならない場合に備えて、避難所にはできるだけ食料品を貯えておいたほうがよい。

あなたの地区の水道が飲用に適するかどうかは、ラジオ放送でわかるだろう。一般的に言って、地下水や湧き水は放射能で汚染されていないと見てよい。避難所には充分な水も用意しておくこと。飲料水（１人１日当たり２リットル）は、清潔な入れ物に保存して、ときどき新しく取りかえること。生牛乳の代用品として、濃縮ミルクや粉ミルクも準備しておくこと。生牛乳、生野菜、果実などが食用に適するかどうかは、放射能による汚染がどんな季節に始まったかによってきまるのである。したがって、農作物の成長期と収穫が終わったとき、また、家畜が青草を食べているときと乾草で飼われている冬季とでは、全く違った放射能汚染対策を講じなければならない。この対策を講ずる場合に大切なことは、牛乳と乳製品の準備である。農家や牛乳の集積所、牛乳加工工場や町の酪農業者に対しては、牛乳の供給とか消費者の動向などについて、特にラジオ放送を通じて指示を与えることになるだろう。

いつもガスマスクを持っていること

すべての窓は固く閉めなさい

飲料水を貯えること

非常用の食料と荷物を
点検しておくこと

物を洗う用具を準備し
ておくこと

食料品はホコリの入らな
いように、しっかりと包
装しておくこと

飼料を貯えるために
時間をムダなく利用
すること

家畜が放射性のチリ
を受けないように、
小屋の覆いをするこ
と

露出している井戸には
プラスチックの覆いを
かぶせて放射性降下物
を防ぐこと

機械類や用具類に覆い
をすること

爆発が起きたら、避難所内にとどまって、自分がどうすべきかを、いつもラジオ放送に注意してきめなさい。二次放射線を浴びないため、戸外にはできるだけ出ないこと。放射線の強さは、時間がたつにつれて、初めは急速に、それから緩やかに減っていく。だから、爆発後時間がたてばたつほど、長時間避難所の外に出ていても有害な放射能を受けないで済むようになる。

爆発後1時間たって、次の図のとおり、50レントゲン／時、100レントゲン／時、あるいは200レントゲン／時が測定されたら、避難所を出ても、5レントゲン単位（レム）以上の放射量を身体に受けずに済む。

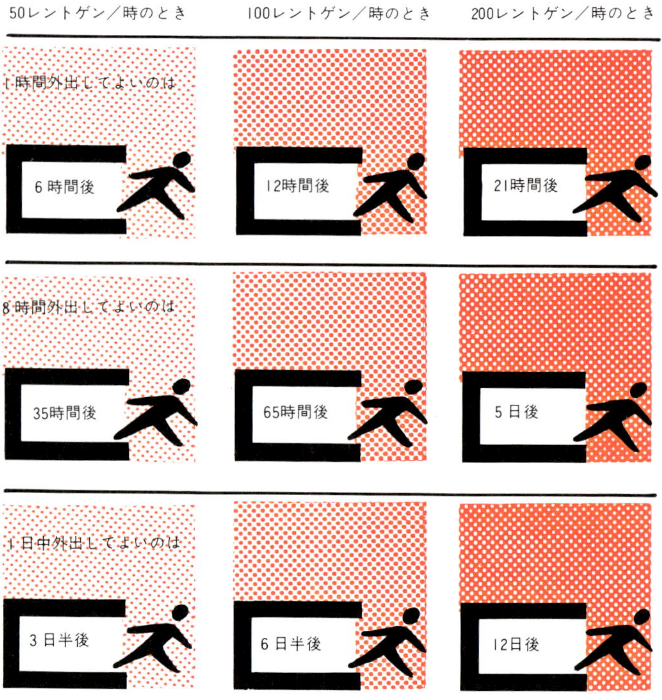

vor

爆発前の準備

　避難所は、いつでも使えるようにしておきなさい。何週間も避難所で過ごさなければならないかもしれないから、食料や水を充分に貯えておきなさい。警報はできるだけ早目に出されるが、警報が出てから爆発が起こるまで、多くの場合1～2分しかないから、ふだん用意を怠っていると取り返しがつかない。

　都合がつくなら避難所の中にいたほうがよい。空襲警報が鳴ったら、いつ何どき核兵器が使用されるかしれないから、常にガスマスクを手元から離さないように。ガスマスクは、放射性のチリが肺の中に入るのを防いでくれる。戸外にいるときには、一番近い避難所がどこにあるか、身を隠すものがどこにあるかを、よく確かめておきなさい。

　避難所から出るときは、衣服をキチンと着なさい。身体のあらゆる部分がむき出しにならないように、ズキンやネッカチーフ、手袋などで覆いなさい。防護に最も効果のあるのは、明るい色のウール地だが、燃えやすい化学繊維は避けたほうがいい。

bei

爆発のときの処置

避難所では、そこの責任者や監督者の指示に従いなさい。

戸外で空襲警報を耳にしたら、すぐ身を隠せるものの中に入らなければならないが、その余裕は1～2分しかない。身を隠すのに一番よいのは、くぼ地、つまり砂利を掘った穴、河川の河床、排水溝などである。できたら、しっかりした地下室のある家を捜しなさい。身を隠せるものの中に入ったら、両眼を閉じ、両腕で顔をおおい、両手は身体の下に隠すこと。余裕があったら、手袋やネッカチーフ、マントなどを身につけ、口や鼻を布で隠しなさい。

もし、家の内外を問わず、警報が出ないうちに突然爆発の閃光に襲われたら、すぐそのまま床や地上に身を伏せて、目を閉じ、顔や両手を隠しなさい。

閃光と圧力波が過ぎ去り、そのあたりを破片が飛びかわなくなったら、身体の露出している部分は、全部、手袋やネッカチーフ、マントなどでおおいなさい。ひどいホコリがたっている場合には、防毒マスクや防塵マスクをつけなさい。

爆発の後で

nach

爆発後の処置

避難所を離れるときは、その責任者や監督者の指示に従いなさい。

負傷者が出たらすぐ救助を開始し、それから火災との闘いを始めなさい。

放射能から保護されていない食料品は、ラジオ放送を聞いて、危険性がないことがわからないうちは食べないこと。日用品は、すべて水と石鹸で洗うか、ぬれぞうきんで拭き清めること。

砂ボコリはブラシをかけて、髪からきれいに落し、衣服も丁寧にたたいてホコリを落すこと。

生物兵器戦争

生物兵器戦争というのは、人や家畜、または植物に対して、伝染病の病原菌をまき散らすことである。これによって、軍隊の戦闘力を弱めたり、民間人の活動力を麻痺させ、抵抗力をくじくのが目的である。また、核戦争は、すべての物資、工業施設、交通施設に大損害を与え、これらを破壊してしまうが、これとは違って、生物兵器戦争は、化学兵器戦争の場合と同様に、これらを無傷のまま手に入れようとするのである。

生物兵器は、多くの場合、夜間に使用されるので、人が気づかないことが多く、特に危険である。しかし、これを使用して効果を収めることができるのは、その使用する病原体を大量に培養することができて、かつ、これが長い間生存する能力があり、まき散らしてから直ちに多くの患者が発生し、さらに、これに対する治療手段がほとんどないか、全くないという、そういう場合だけである。したがって、専門家は、生物兵器として使える病原体の種類は比較的少ないと見ている。

肺ペスト、野兎病、発疹チフス、流行性感冒は空気伝染するので、これらは、飛行機でばらまかれたり、人から人に伝染するような方法が用いられる。水または食物、特に、ミルク、ミルク製品、肉製品を媒介物として伝染する病原体としては、コレラ菌、チフス菌、パラチフス菌、ボツリヌス病原菌をあげることができる。

ネズミやノミ、シラミ、蚊など、人の血を吸う昆虫は、ペスト、発疹チフス、脳炎などの病原体を運ぶ危険な媒介物なので、伝染病の蔓延を防ぐためには、これらの媒介物を駆除する必要がある。

風邪や天然痘は、直接、人から人に伝染するが、その予防のためには、まだ感染していない人に対して予防注射をする必要がある。

人体、動物、容器、什器、部屋などを清潔にすれば、伝染病を防ぐことに役立つ。

家庭で使う水は、すべて煮沸する。飲料水の入れものは常に密閉せねばならない。食料品は少なくとも10分間はよく煮込まなければならない。焼くだけでは不充分である。

予防注射は、天然痘、流行性感冒、脳炎などの生物兵器に対して効果がある。

多くの場合、伝染病を防ぐために衛生局員が飲料水に多量の塩素を入れる。

食料品は、伝染病の病原菌が侵入しないようにして保存する。このために一番いい方法は、ブリキ製の入れものか、プラスティックの覆いを用いることである。飼料もなるべく密閉した入れものに保存するか、少なくとも布でおおう必要がある。

農業従事者は、特に動植物に対する伝染病と精力的に闘う必要がある。ネズミや害虫に警戒の目を向けなければならない。最もよい方法は、伝染病をその発生源において予防することで、そのためには、敵の協力者に警戒の目を向ける必要がある。

消化器伝染病に対しては、他人の便所の使用を避けるとともに、自分の家の便所を毎日クロールカルキで消毒しなければならない。

病原菌によって空気が汚染される危険があるところでは、家を離れる場合は、ガスマスクを用いなければならない。

病気が伝染する危険の大きいときや、病原菌の伝染が確認されたときは、集会を差し控えるべきである。避難所に空気濾過器を取りつけておけば、伝染病の蔓延を防ぐのに最も役立つ。

伝染病が発生したことがはっきりしたら、住民は、警報班から指示を受けて必要な措置をとる。

生物兵器対策班および医師は、病因を確定し、これに対する防禦方針を発表する。彼らの指示には厳格に従わなければならない。

保健所その他の当局は、ワクチンや害虫駆除剤を大量に用意して、消毒、隔離、検疫のための措置を指示する。

伝染病が発生したときは、直ちに、最寄りの医師、看護婦または民間防災組織の救護所に知らせる。家畜の場合は最寄りの獣医に知らせる。

戦時には、伝染病患者は特に厳重に隔離して、特定の看護人をきめておく。見舞客の訪問は断わる。

伝染病の病源菌に汚染されたとみられる品物には、目印をつけておき、当局の検査を受けた後でなければ使用してはならない。主要な食品の工場や倉庫、店などの責任者や、酪農業者は、部外者や、伝染病にかかった疑いのある者が、これらの場所に立ち入ることを、厳しく監視しなければならない。当局は、場合によっては、このために必要な規則をつくる。

農業従事者は、家畜や作物の状態、あるいは倉庫に保存する食料、飼料の監視、検査を怠ってはならない。

感染の危険がある場合は、家畜を外へ出してはならない。また、感染した家畜は、直ちに隔離するか殺すかしなければならない。

生物兵器は、これを使用する者にも大きな危険を及ぼすが、これが使用されることを予期しておく必要がある。残念ながら、諸大国は、物理的な破壊を避けるために、大量の生物兵器を生産し用意しているのが実情だからである。

化学兵器に対しても充分の備えをしよう

国際法は、気体や液体の化学兵器を使用することを禁じているが、われわれは、このような兵器による攻撃にも備えておく必要がある。われわれは、奇襲的に、大量かつ広範囲に使用される化学兵器が存在していることを、よく知っている。だから、この兵器の特性を充分に呑み込んで、これに対する防護措置を講ずべきである。これを怠るならば、敵は、この種の兵器の使用をたやすく決意するだろうし、あるいは敵の使用を挑発することにもなりかねない。

化学兵器には、
敵に苦痛を与えるもの、
戦闘力または行動力を失わせるもの、
殺傷する効果を持つもの、
この3種類があって、それぞれの目的に応じて、それに適した化学兵器が選ばれる。

苦痛を与えるもの

この種類の兵器は、目や鼻または咽喉の粘膜に強い刺戟をあたえて、これに触れると、目が痛み、涙が出たり、咳が出たり、嘔吐をもよおしたりする症状が現われる。この刺戟的効果によって、人が恐怖に陥り、恐慌状態が発生する危険があるが、人体に大きな害を与えるわけではない。

戦闘力または行動力を失わせるもの

これは、たとえばＬＳＤのような物質で、人を短期間、精神に異常をおこさせたり痴呆状態にする。すなわち日ごろの自制心を完全に失わせ過度に喜ばせ、悲しませ、怒らせる。あるいは陶酔状態に陥れ、被害妄想にとりつかせ、場合によっては、非常に攻撃的にしたり、反対に、自殺に追いやったりする。その他、身体に対する作用としては、発熱、下痢、過度の睡眠、麻痺などを伴うことが知られている。しかし、これらの現象は、2〜3時間後には消えて、後遺症を残さないのが普通である。

殺傷する効果を持つもの

これは、人を殺し、または重い火傷を負わせるものである。神経を侵す毒性物質は、中でも最も危険なもので、神経組織に過度に刺激を与え、麻痺させてしまう。神経性毒物は、呼吸器官や皮膚を通して体を侵す。これに侵されると、瞳孔が縮小し、視力が弱まり、頭痛がし、涙がとめどもなく出、身体がけいれんし、数分以内に死んでしまう。皮膚を侵す物質はこれより危険度が低く、重い火傷の状態になるが、死ぬことはまずない。これらの神経や皮膚を侵す毒性物質は、持続性があり、その汚染は、数日あるいは数週間にわたって持続する。

化学兵器が使われることは、次のような現象によってわかる。

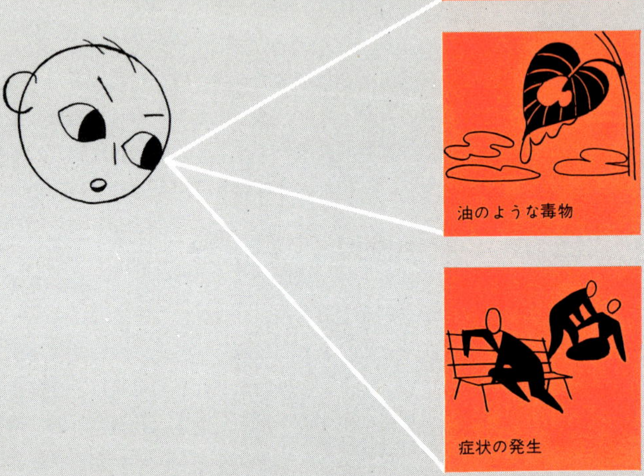

化学兵器となる物質の運搬手段は、誘導兵器、飛行機、ロケット、大砲で、気体または霧の状態で散布される。だから、天候の状態によっては、原子爆弾が投下された後の放射能の灰のように、風に運ばれて数百平方キロメートルという広い範囲が汚染地域になるし、山間部に厚い霧がかかっているようなときには、化学物質は長期間にわたって危険性を持続する。神経および精神に対する毒性物質は、人間の諸感覚では発見しにくいことがしばしばある。

核兵器・生物兵器・化学兵器に対する防護

核および化学兵器に対して国民を防護するため、軍と民間の防衛組織には、優秀な研究所を備えた対策班がある。

これらの防衛組織は、敵が使用した化学物質を発表し、危険地域に警告を発し、ラジオおよび電話でその物質の危険な特性を指摘して、とるべき措置を指示する。

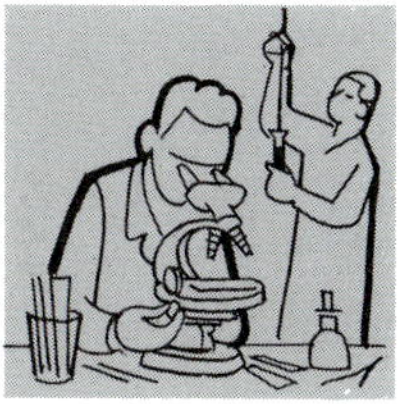

核および生物兵器に対しても、特に専門的知識を持ち、よく訓練された班がある。

核兵器班（物理学者および研究所員）は、空気中、物質中、食料品および飲料水の中の放射能を測定する。

生物兵器班（細菌学者および研究所員）は、病原菌の発表およびその対処法を指示するのが任務である。

化学兵器に対する最良の防護方法は、空気濾過装置をとりつけた避難所の中にいることである。もし戸外にいるときはガスマスクをつけるべきである。

警戒警報が発せられたとき、または化学物質が存在する疑いを持ったときは、直ちにガスマスクをつけて、最寄りの避難所または密閉した部屋に入る必要がある。

ガスマスクをいつも身辺に置いておく

すぐ
避難所に入る

化学物質に触れた物体は汚染しているから、素手で触れてはならない。

食物は、空気が入らないよう包装する

プラスティックの覆いを使え。化学物質に触れた食品は汚染している。

扉や窓を閉めよ。危険が去ったという発表があるまでは、ガスマスクをはずすな。

窓に目張りをする

次に書いたような予防措置を講ずれば、化学兵器に対する防護は、他の兵器に対するよりも容易である。

防護心得

1. ガスマスクを常に手元に置け。
2. 警戒警報発令とともに：
   イ）ガスマスクをつけよ。
   ロ）隣人にも知らせよ。
   ハ）避難所に入れ。
   ニ）民間防災組織の指示に従え。
   ホ）食料品を密閉した部屋に入れよ。
   ヘ）敵の攻撃開始の後は、果物や生野菜を食べるな。

堰堤の破壊

敵は、攻撃に際して、ダムや堤防を爆破する可能性がある。この爆破は、通常、低空を飛ぶ飛行機から投下する爆弾や魚雷、ロケット、あるいは敵の協力者が仕掛ける爆薬によって行なわれるが、その結果生ずる災害は、はかり知れないものがある。

ダムのある谷全体およびその他の地域は洪水に見舞われて、瓦礫の山と化し、もし防災措置を講じなかったら、何十万という人間が死傷する。

耕地も荒廃し、長期間にわたって不毛の地と化すだろう。重要な工業施設、道路、鉄道は破壊され、何年間も使用不可能になる。軍隊は、泥濘と瓦礫の山の中で行動不能となり、飛行場も弾薬庫も使えなくなる。敵は、まさに、そのような打撃によって、数時間のうちにわが国民の抵抗力を粉砕できることを期待しているのである。

他方、このような災害の発生は、わが国に侵入せんとする敵自身に対しても大きな不便不利益をもたらすので、このような攻撃方法をとることは差し控える可能性もある。

しかし、われわれは、このような攻撃を受けることがあり得るということを、常に頭に置いて、それによって起こる災害をはっきりと認識した上で対策を講ずべきである。

平時につくられた洪水に関する予測地図によって、われわれは、予想される洪水の継続時間と地域的広さについて、一応の見通しを立てることができ、これに基づいて防護措置を講ずることができる。

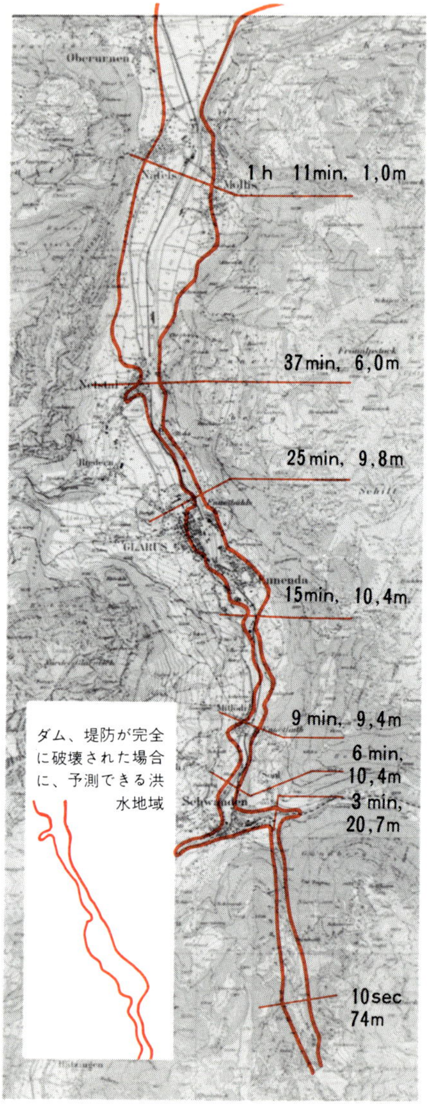

戦時にも安全なダムの建造方法

警戒

防空

ダムの破壊による洪水を防ぐためには、これだけでは充分ではない。最も効果的な方法は、貯水池や湖の水位を、タイミングよく低めることである。連邦内閣は、危険が迫ったときには、このような指令を発することができる。しかし、ダムや湖からの水の放出は、通常、長時間を要するので、この措置はできるだけ早く始めなければならないという問題点がある。また、これはエネルギーの供給に重大な影響を与える。このような事態においては、外国からの石油や石炭の輸入も不可能と見なければならないから、なかなか簡単には実行できない問題である。

それでも、われわれは持ちこたえなければならない。平時に、われわれが個人生活に欠くことのできない目的のほかに使っているエネルギーは、エネルギー全体の約半分に達する。それは、自動車運転、慰安旅行、ネオンサイン、不必要な部屋の照明や暖房などに使われている。また、工場は、生活必需品以外の物資を大量に生産している。したがって、緊急のときには、より少ないエネルギーでやっていけるし、木、泥炭、松かさなども、エネルギー源として使える。石油や石炭は長期間貯蔵できる。

われわれは、緊急時には、ダムの水位を低下させて洪水に備えなければならない。それによって生ずるエネルギー供給の不足は、がまんしなければならない。これは、困難ではあるが、たえられぬことではない。数百万キロワットの電力の損害と、ダムの破壊によって生ずる何千人の人命の損失とを、引きかえにするわけにはいかない。

飛行機に対する防空網

爆雷および魚雷に
対する網

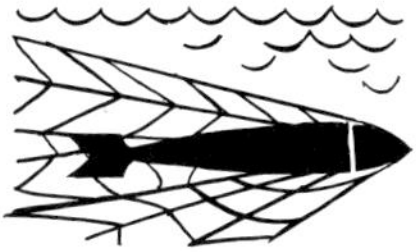

戦時経済上の理由から、大幅な水位の低下ができないときには、民間防災組織は、老人や子供、病人、不具者などを、危険地域から避難させるとともに、代用品のない食料や作物を安全な場所に確保する。

警報センターは、洪水地域全体に対して、その警報区の電話回線を通じて、防水警報を発する。この際、洪水地域全体における洪水発生時間を知らせる。現地の防災組織は、他の地域にも適当な手段で通報する。

警報と洪水発生時間との間には、場合によっては数分間しかないということもある。この場合には、旅行カバンやリュックサックに物を詰めている時間がない。したがって、危険地域の居住者は、名前と住所を書いた緊急事態用の袋を常に用意しておかねばならない。衣類や食料品の予備を、危険地帯の外に住む親戚や知人の家に預けておくのもよい。どの地域が安全かということは、民間防災組織が教えてくれる。

緊急事態用の袋には、常に、次に記すものを入れて手元に置いておく。

防寒防雨用衣類、下着、靴下、ストッキング、
帽子、えり巻き、手袋(放射線よけ)、
ハンカチ、
靴、スリッパ、
毛布、寝袋、
洗面用具、トイレット・ペーパー、
ガスマスク、防護メガネ、
普通の眼鏡をかけている人は予備の眼鏡、
懐中電灯と予備電池、
裁縫用具、薬品、
各種のヒモ、靴ヒモ、
安全ピン、
ろうそく、マッチ、
食事用容器、
軍隊用飯ごう、又はキャンプ用飯ごう、水筒、
ナイフ、食事用ナイフ、フォーク、スプーン、
乾電池ラジオと予備乾電池、
プラスティックの布、
２日分の食料。
（以下の品は、ホコリやガスが入らないように密封すること）
長持ちする食料品：
たとえば乾パンやラスク
罐入りスープ、チーズ、魚の干物、
肉および魚の罐詰、
チョコレート、砂糖、
茶、インスタント・コーヒー、
干し果物、粉ミルク、
コンデンス・ミルク。

手さげカバンには次のものを入れておく：
身分証明書、
ＡＨＶ証明書、
配給カード、
保険証書、
健康保険証書、
職業証明書、
現金および有価証券、
民間防衛の本（本書）
子供のための赤十字の認識票
（本書304ページ参照）

被災者を救助するためには、決断力のある行動が必要である

もし、スイスが戦争に巻き込まれるとすれば、わが国土の大部分は初日から戦場になるだろう。そこには〈戦線〉もなく、〈銃後〉もない。全国の都市、村、工場施設は爆破され、敵は至る所に出現する。戦車部隊はあらゆる戦線を突破し、落下傘部隊は随所に降下し、あちこちに裏切者が現われるだろう。

要するに、今日の戦闘行動のテンポの速さ、空間的な広がりから見て、すべての国境で敵を阻止することは不可能である。敵を阻止するためには、敵の攻撃のショックをだんだん弾力的に吸収できるような、深い防衛線を設ける必要があるが、事情によっては国境で阻止することはできず、国内で初めて阻止できる場合もあろう。戦闘行動は100キロ以上にわたって一進一退の状態が続くこともあるだろう。

戦時においては、国民は、原則として戦闘地域から脱出することはできない。わが国土はあまりにも小さく、また、どこへ逃げていいかわからないのである。アルプス地域は、そう多くの避難民を受け入れるわけにいかない。

われわれは家の中にとどまり、特に核戦争の場合には避難所に入るのが、最も安全な方法である。戦争の際に家から飛び出すのは自殺行為にひとしい。自分の家より安全な避難所はなく、家も食料もないのである。

状況によっては、女性、5歳以下の子供、学童、老人、病人、不具者は、危険度の小さい地域に避難できるように当局は努力することになろう。われわれが正常な生活を続けていくのに必要な民間人は、当局の規則によると、その位置にとどまるべきであるということになっている。

大都市においては、もし、その市内で戦闘行動が行なわれる場合には、その住民を一時的に郊外に避難させるための措置を、予防的に講ずる必要がある。いわゆる疎開であるが、われわれは、その際、本来の疎開の概念を捨て去るべきである。空襲またはその他の戦闘行動の後には、多くの被災者が出るが、彼らを救助するのは困難な仕事である。ただ同情だけでは問題は片づかないのであって、まず組織を回復し、秩序を立て直す必要がある。これらの被災者は、多くは恐ろしい経験に出会った直後なので、気持が転倒しており、彼らが平常の状態にあるときと同様に扱うことはできない。

だから、彼らを救助するためには、まず、秩序を立て直さなければならない。彼らに宿舎と食事を提供し、あとで家族を発見して一緒にしてやるために、その身分に関する事項を聞いておく。また、伝染病の発生を防ぐ措置を講ずるとか、紛失した書類、食料の切符なども新しく発給してやることも必要である。これらは、すべて混乱と破壊の中で行なわなければならないので、その仕事をする人々は、組織能力や明敏な頭脳を持たねばならない。

すべての市町村長の下に、被災者救助に当たる係りがいるが、平時において、家庭だけでなく職場においても人の世話をする任務を持っている女性は、これらの仕事をするのに適している。

各市町村には、被災者のための通報情報機関があって、ここで、被災者の緊急住居、収容所のベッド数、収容人員などに関する管理が行なわれ、被災者は各収容所に割り当てられる。中央通報情報機関は、さらに、被災者の健康状態その他についても必要な情報を提供する。

被災者は各収容所に
割り当てられる。

被災者は、最も適当な道を通って最寄りの収容所に送られる。

収容所は、通常、1つの都市に1つまたは数ヵ所、都市部の損害が広がってもそこまで及ばないような、危険の少ない所に設けられる。数百人の被災者が、一時的に、被災者救助部隊によってここに収容される。

収容所は、全財産を失った人に対して最初に世話をする場所であって、被災者は、親戚か知人に引き取られるか、他に宿舎を見つけるまで、ここに滞在する。

衛生班員は、病人や軽傷者の看護に当たる。被災者の中でも、適格者は民間防災の補充隊員として召集される。

収容所に入った被災者が、収容後数日中に、親戚や知人の家、緊急住居、ホテルなどに宿舎を見つけられない場合には、国防軍の救助部隊が彼らを引き取って、救援キャンプに収容するが、被災者は、ここでは正常な日常生活に戻ることになる。

災害が起こったときには、民間防災組織の幹部は、当面の状況を判断して、とるべき措置を指示する。市町村警察や予備警察は、秩序維持に当たり、略奪者などを取り締まる。

軍の救援キャンプでは、数百人の被災者が家族生活を送ることができ、期間には制限がない。

この救援キャンプは、本来、外国人の避難民のために設けられたものであるが、被災者のため、軍は、訓練を受けた人員をここに配置する。

火事は初期のうちに消しとめなければならない

第二次大戦で破壊されたもののうち75%は、火災によるものと言われている。将来の戦争においては原子爆弾による被害が大きいであろうが、原爆の爆発によって生ずる熱線は、周囲何キロにもわたって、可燃性の物質を一瞬のうちに発火させるだろうし、強い風圧によって、ストーブやコンロは倒れ、ガス管の破裂、電気のショートが起こり、これによる火災も数多く起こるものと見なければならない。

消火作業においては、最初の数分間が勝負である。小さな火災は、手早く消火に取りかかれば大事に至らずに消しとめることができるが、手おくれになると大火災を引き起こし火事による強風がこれに輪をかけて、全市街を灰燼に帰せしめるに至る。同時多発の小さな火災は、なおさら警戒しなければならない。

したがって、初期の消火作業は、住宅自警団および職場自警団にとって、最も重要な任務である。家庭での消火法は、まず何よりもバケツで水をかけること、または小型消火器で放水することで、これは、落ちついてやれば案外効果がある。燃焼性合金爆弾による火災や燐の燃焼によるものに対しては、多くは砂をかける。携帯消火器、つまり化学薬品の粉末などの入ったものも効果はあるが、すぐに使い果たすし、緊急の場合、なかなか補充できないことを頭に置いておく必要がある。

人命救助は消火作業よりも急を要する。火に包まれた者をまず救い出した後、消火作業に取りかかる。

住宅自警団が自分たちだけで消火できない時は区画自警団長に救助を求めるが、この救助は戦時消防班が担当する。各市町村長は、隣接の組織に支援を求めることもできるし、対空防災隊が配置されている所では、必要に応じて、その隊から部隊を派遣してもらうこともできる。しかし、すべての救援もむなしく大火災に至るおそれがあったら、住民は危険地帯から立ち退かなければならない。

消火の心得

屋根裏にある部屋のガラクタを片づけ、床の上に砂をまく。砂の厚さは5センチくらい。

各階および地下室には、20平方メートル当たり5キロの砂を用意するとともに、できるだけ多量の水（少なくとも1平方メートル当たり1リットル）を、風呂桶、樽などに入れておく。

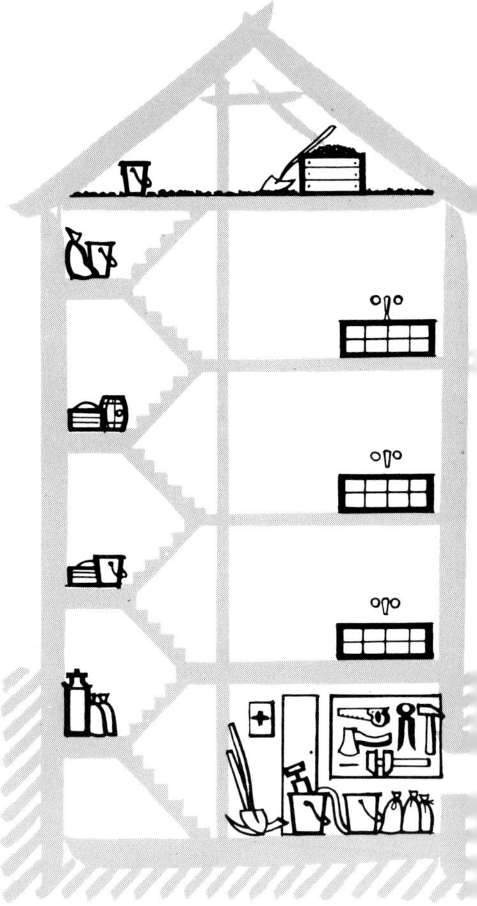

バケツ、鍋、工具、救急用品、非常用食料などは、避難所に用意する。

核爆発による熱線に対する防護

白く塗った窓ガラスは、熱線の大部分を反射して、内部に入れない効果がある。窓を閉め、シャッターをおろし、燃えやすいものは窓ぎわから離す。カーテン、衣類、寝具のような繊維製品は、みょうばん1キロ、硫安1キロ、硼砂500グラムを20倍の水に溶かした液に浸した後、乾かせば、不燃性になる。これらのものは薬局で買える。

消火の補助手段

布を「ほうき」に巻きつけた火たたきは、小さな火災を消しとめるのに役立つ。とび口は、燃えているカーテンを引き裂いたり、燃えやすいものを火から遠ざけるのに使う。水に浸した布や毛布は、消火作業に当たっている者を防護したり、衣服に火がついた人を助けるのに役立つ。

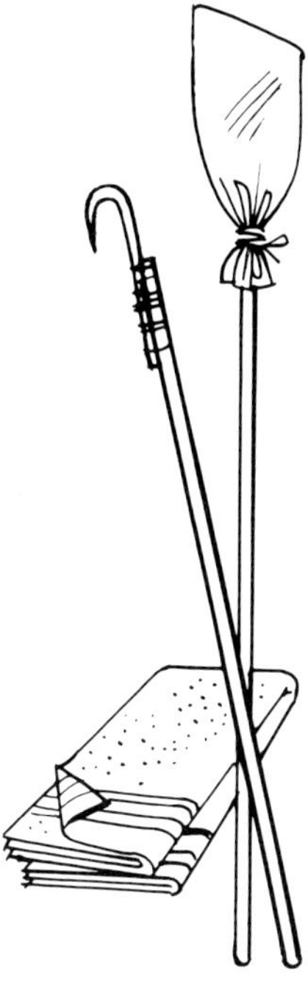

住宅が燃えたとき

住宅自警団長は、団員1人と一緒に避難所を出て、屋内と、家の周囲を見回わる。

この場合、寝室に大きな出火があり、廊下に小さな出火があったら、

自警団長のとるべき処置は：

1
住宅自警団を呼び寄せる。

2
寝室のドアを閉め、火が広がらぬようにする。

3
廊下の小さい火事を火たたきで消す。

4
寝室のそばにある燃えやすいものを、全部運び出す。

5

寝室のドアのうしろ
から消火に当たる。

6

バケツの水を、ポン
プで寝室の火にかけ
る。とび口を使う。

7

燃えたものを外に出
し、燃えた場所を監
視する。

屋根裏が燃えていたら

住宅自警団長は、屋根裏の火が、隣家の屋根裏の部屋と出口から下の階へ延焼するおそれがあると判断したとき、

自警団長は次の処置をとる：

1
住宅自警団を呼び寄せる。

2
屋根裏の部屋のドアを閉め、燃えているものが下の階へ落ちないようにする。
隣家に、延焼の危険があることを知らせる。

3
階下にある燃えやすいものを、すべて外へ運び出す。

4
下に落ちてくる火を消しとめる。

5
消火用水を補給する。

熱や炎、煙は、上にのぼるものだから、屋根裏の火災が下に延焼する危険性は少ない。機敏な行動をとれば、住宅自警団は、屋根裏だけで火災を消しとめることができる。

しかし、屋根裏部屋には窓があるので、ここを通して隣家に延焼するおそれがある。これを防ぐために、できるだけ早く隣家に知らせなければならない。

6
隣の住宅自警団は、
屋根裏への延焼を防ぐ。

7
燃えたものを外に運び出し、燃えた場所を監視する。

区画自警団長は、各住宅自警団から受けた情報にもとづいて状況地図をつくり、その地域内で被災していない住宅自警団に対して救助を命令する。彼はまた、自分の責任地域内の状況を、市町村長その他必要な所に絶えず通報する。

火災に対する注意

無計画に事を運ぶな。まず見回わった後、状況判断を行なえ。正確に判断して行動せよ。

まず、人および動物を救出せよ。

出火場所に近づくときは、姿勢を低くせよ。床に近い所は、煙が少なく、温度も低い。水に浸した布で口と鼻を覆え。ガスマスクは、熱は防げるが、一酸化炭素には効果がない。

水は火元を目がけてかけよ。煙や炎にやたらに水をかけても効果は薄い。火元に強い圧力のかかった水をかけると消火できる。

まず炎の下部を、それから上部を消す。1ヵ所から順次に消火せよ。

炎を押えることができないときは、部屋から部屋へ、階から階へ、一歩一歩後退せよ。

炎を常に見張り、水や砂をかけよ。倒壊のおそれのある建物から遠ざかれ。延焼を防ぐため、隣接の建物を見張れ。

爆弾から飛び散る燃焼性合金と燐に注意せよ。白熱した軽合金または燃えている燐の固まりには、水をかけず、砂をかけよ。水をかけたら、四方八方に燃え広がってしまう。冷えた燐の固まりは、たとえ小さな断片でも注意深くかき落とし、砂をかけ、戸外に出せ。これは数日間は再び燃え出すおそれがある。

梁や、その他建物の各部分が完全に冷え切るまで、燃えた場所を見張れ。燃えた残りを消し、戸外へ運び出せ。

救　出

従来の経験によると、瓦礫に埋もれたり、避難所に閉じ込められたりした者が、数日後に救い出されたことがある。しかし、救出作業は機敏であればあるほど成功の可能性が大きい。充分な装備を持ち、完璧な訓練を行ない、建物やその付近の地理について充分な知識を持っていれば、そして、救出作業を精力的に、かつ、忍耐強く行なえば、大ていの場合、生命を助けることができる。

グラーベン通りの多数の建物が破壊された。災害地域の大部分は瓦礫の山となっている。残骸がくすぶり、事故現場にホコリが舞いあがっている。避難所の中や瓦礫の下には、少なくとも100名の人間が生き埋めになっている。住宅自警団長は、災害状況を判断して救助を要請する。救助隊は行動を開始する。

グラーベン通りは、全区域の中で最大の被害地である。区画自警団長は、同地に戦時消防班および工事班を派遣する。

平時に作成した住民登録のリストによって、住宅自警団長は行方不明者を確認する。次に、行方不明者を探し出すにはどうすれば一番よいかが調査され、その結果は、戦時消防班長および工事班長に詳しく通報される。

被害地処理責任者は救助作業を始めるべき場所を指定する。その際、住宅自警団長は被害地処理責任者を誘導し助言を行なう。工事班は、技術的用具で装備し、燃える残骸の中から生き埋めになっている者を救い出す。戦時消防班は、この際に必要な防火措置を講ずる。住宅自警団はこれを援助する。

投入された総力をよく考えてうまく結集すれば、行方不明者を発見して安全な所に避難させることができる。

さらに、被害が大きくて、戦時消防班及び工事班の手に負えない時には、区画自警団長は、重装備を持つ対空防災隊に援助を求めることができる。住宅自警団長が区画自警団長から何の援助も受けられない場合も少なくない。というのは、戦時消防班や工事班は主要な被害地に投入されているからである。その場合には、住宅自警団長は、自分の配下の者とともに、生き埋めになっている人をできるだけ多く救助するように、全力を尽くさねばならない。

あわてないこと

救助作業は、たいていの場合、きわめて困難な状況のもとに、見渡しにくい残骸の中で、しかも、しばしば、夜間暗黒の中で行なわれねばならない。だから、むやみにあわてると、後になって非常に悔やむことになる。ここで最も真価を発揮するのが救助作業隊長で、彼は訓練期間中に習得した知識を冷静に応用する。彼は次のように考える。

1　だれが行方不明になっているか？

居住民表

1階、右	二階、左
マイヤー，フランツ	ファイナー，カルル
マイヤー夫人	ファイナー夫人，エルザ
マイヤー，ヨーゼフ	ブルッガー，ハンス
マイヤー嬢，アリス	シュタイガー，ルードルフ
ベックマン嬢，アリス	
1階、左	三階、右

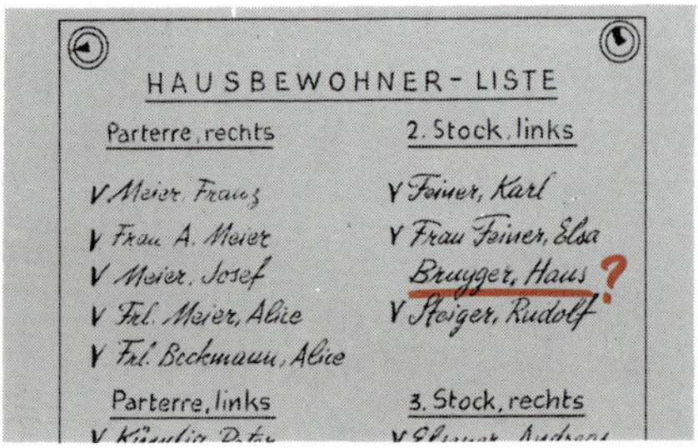

2　瓦礫の下に生存者はいるか？

被爆時に
どこにいたか？

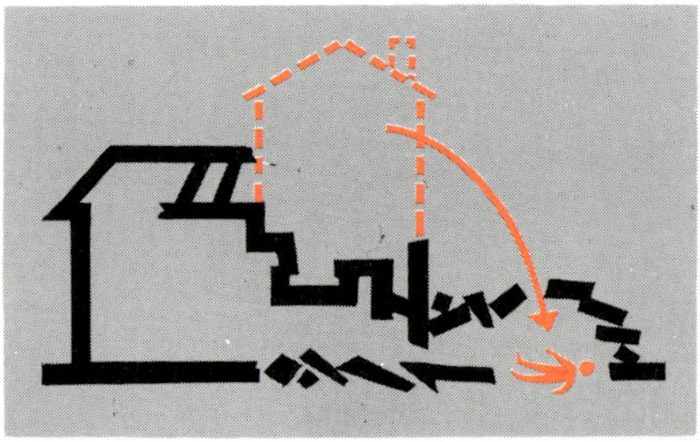

3 閉じ込められた人はどんな危険にさらされているか？

4 最初にだれを救助すべきか？

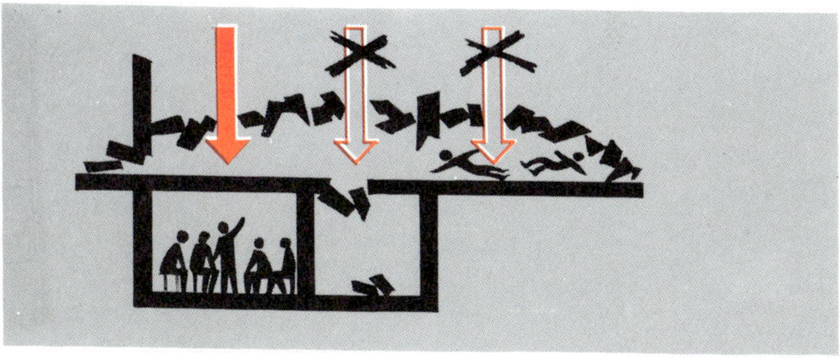

5 どうやって助けにいくか？

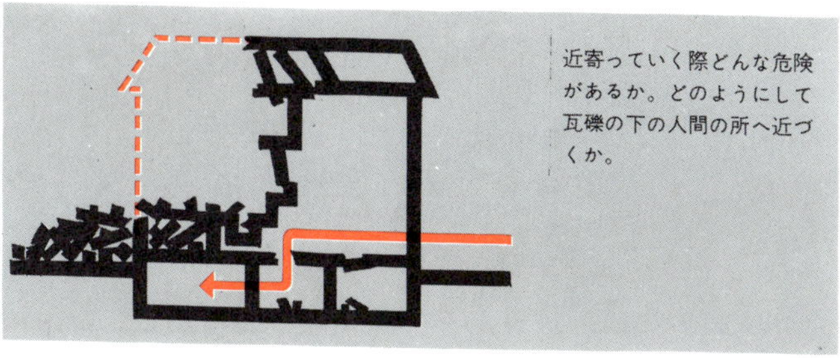

近寄っていく際どんな危険があるか。どのようにして瓦礫の下の人間の所へ近づくか。

一番よい近づき方は？

下敷きになっている人の所まで到達する救助隊は、被害現場を組織的に捜索する。瓦礫を1メートルごとに調べる。目にふれる所で倒れている人がいるかどうか、また、目にふれないまでもすぐ近くに下敷きになっている人がいるかどうかを調べる。救い出した人に同居人の行方を尋ねる。発見した人は、衛生班もしくは避難所へつれて行く。

一部が倒壊した建物の中に行方不明者がいるかどうかを調べる。その際、救助隊は、必要以上の危険にさらされないように細心の注意をもって行動しなければならない。閉じ込められている人および下敷きになっている人の緊急の度合いと、その数に応じて、救助隊は被害現場に再配置される。

救助隊は、瓦礫現場の水道管、ガス管、鉄骨などに耳をつけて音を聞く。これらを叩いて合図をし、「民間防災団だ、返事をしろ」と繰り返し叫びながら、閉じ込められたり下敷きになった人々との連絡につとめる。

瓦礫の散乱する場所および建物の内部に、下敷きになっている人や閉じ込められた人がいるかどうかを、徹底的に捜査する。

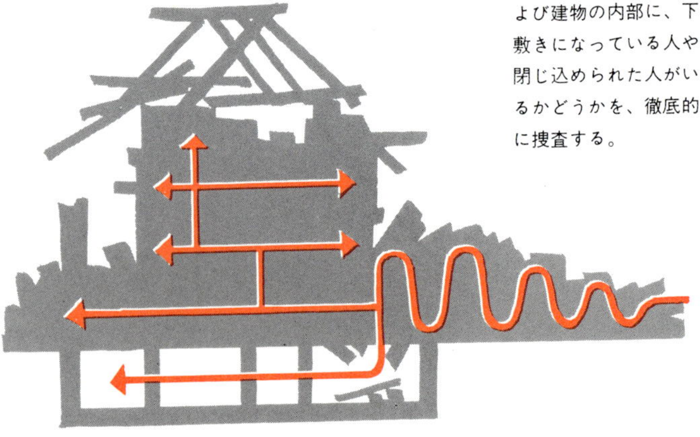

状況がわかったら、救助作業は次のように行なわれる。

小さい瓦礫の除去
重い瓦礫の持ち上げ
通路およびはい込み口をこしらえること
壁および天井を突き破ること
突っぱりや、支えをすること

壁や柱の崩れそうな入口を梁で突っぱる。

崩れ落ちるおそれのある通路を梁で支える。

梁その他適当なものをテコに使って、重い瓦礫を持ち上げる。

救助された者を安全な場所に連れていく

救助された者のうち、特に手当を必要としない者は避難所に送る。下敷きになって怪我をした者は、瓦礫の中から注意深く救い出し、その場で応急手当を施す。しかし、これは、近くの救護所へ連れていくまで待てない場合に限る。

負傷の程度に応じた負傷者の運搬方法が、民間防災団によって教えられる。

負傷者は担架で地下室などから救い出される。その際、階段や、はしごの上を渡り、あるいは瓦礫の上を引きずるようにして運搬する。

運搬の際には、けわしい山でやるように、足場がしっかりしているかどうかを、いちいち確かめなければならない。

応急手当が生死を決定する

救護所では、応急手当が、迅速、簡潔、適切に行なわれる。その他のことはすべて医者が行なうが、だれでも応急手当の施し方を知らねばならない。そのために必要なのは、僅かの正確な知識と健全な常識だけである。

戦時においては、簡単なことが一番重要である。時機を失してはならない。応急手当は、しばしば負傷者の生死を決定するものである。

ヴェレーナ・ヘルファー夫人は、民間防災組織の救護所の責任者となっている。彼女は、沈着に、心をこめて、なすべきことを行なう。なぜなら、彼女は、民間防災組織において、さらにその後に救急協会において得た応急手当の基本概念を、確実に自分のものにしているからである。

彼女は次のような救急用資材を持っている。

はさみ	脱脂綿	種々の看護用具
ピンセット	鎮痛剤	寝台
安全ピン	消毒剤	毛布
包帯どめ	絆創膏	ポリエチレン紙
ゴム・バンド	油紙	担架
包帯	止血ゴム管	担架用の押し車
包帯入れ	金属製の副木	救助板
三角布	詰綿	簡易便器
ガーゼ・バンド	キャラコ・バンド	懐中電灯
ガーゼ止血帯		

民間防災組織は充分な包帯材料を用意した。ヘルファー夫人は、慎重で思慮深い婦人なので、まさかのときには、他に多くの間に合わせのものが必要になってくることを知っている。そこで彼女は、破れたハンカチ、シャツ、シーツなどを捨ててしまわないで、きれいに洗って、細長く切り、プラスチックの箱にしまっている。

被害発生の後、
救助隊は、５人の負傷者を
次々に救護所へ運んだ。

1 男性：
前腕に出血；
多くの傷、蒼白、意識
混濁、呼吸困難、
額に冷汗、脈搏がほ
とんどない。

2 女性：
失神、
額に裂傷、
呼吸困難。

3 少女：
腕、脚に広範囲の火傷、
うめき声を出し、
応答せず。

4 老人：
下腿部骨折、
顔面蒼白、
意識は明瞭。

5 少年：
煙に包まれた地下室から
意識を失ったまま救い出
されたが、運搬の途中で
呼吸を停止。

ヘルファー夫人は何をするか

〔1〕の男性（前腕に出血、多くの傷、蒼白、意識混濁、……）に対して――

応急手当：ヴェレーナ・ヘルファー夫人は気を取り乱さない。彼女は、血まみれの服が、しばしば実際以上の出血を示すように見えることを知っている。彼女は、負傷者を寝かせ、負傷の部分を高くする。彼女は消毒ずみの止血帯を使う。これで充分なはずである。血液の循環がとまってはならない。ヘルファー夫人は、呼吸困難、意識混濁、顔面蒼白、脈搏が弱いことなど、負傷者の状態を見て、この人がショック状態にあること、すなわち、呼吸および血液の循環がとまるおそれがあることを認める。頭部は、脳への血行をよくするために低くする。

医者の手当がどうしても必要である：傷の手当、輸血用血清、血液循環促進剤。

意識のある負傷者に対しては、ヘルファー夫人は、ぬるい茶を与える。彼女は、負傷者に毛布をかぶせて冷えないようにする。

注意：出血部分を高くする。包帯で強くしばる。止血ゴム管は使用せず。

ショック状態：頭を低くし、冷えないようにして、直ちに医者の手当を求める。重傷者には、出血の有無にかかわらずショックの危険がある。

〔2〕の女性（失神、額に裂傷、呼吸困難）に対して——

応急手当：ヘルファー夫人は、頭部の負傷者は、しばしば脳震盪または頭蓋骨折を起こしており、意識を失っている場合があるということを知っている。失神者、特に頭部損傷者については、鼻、口、咽喉から嘔吐や出血があるかもしれない。したがって、失神者は、あお向けに寝かせず、横向きの位置に寝かせねばならない。あお向けに寝かせると、出血や嘔吐物が気管支に詰まって、窒息死や肺の障害を引き起こすことになりかねない。同じ理由から、ヘルファー夫人は、失神した婦人の口から物を注ぎ込もうとはしない。彼女は、この婦人の衣服をゆるめて呼吸を楽にしてやり、消毒ずみの包帯を額の傷に当てがう。その後は呼吸を注意深く見守る。呼吸が停止すれば直ちに人工呼吸を行なう。

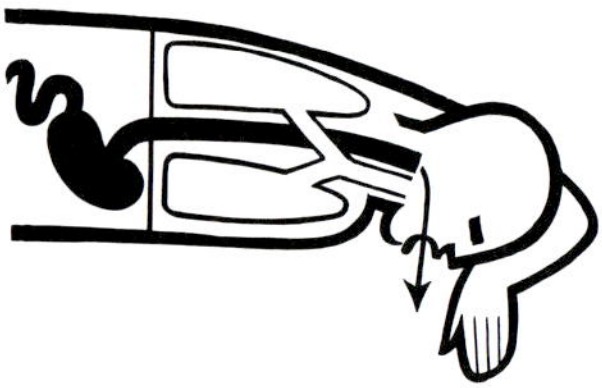

注意：失神者は常に横向きに寝かせる。呼吸を楽にし、衣服をゆるめ、入れ歯を取り除く。液体は絶対に流し込まない。傷口を縛る。呼吸に注意して、停止すれば、すぐに人工呼吸を施す。

〔3〕の少女（腕、脚に広範囲の火傷、うめき声を出し、応答せず）に対して——

応急手当：ヘルファー夫人は、戦時の火傷に対しては、日常生活で起きる火傷と同じ手当をしてはいけないことがよくあるということを、民間防災のコースで習得した。戦時の火傷は、場合によっては、燐、化学兵器あるいは放射能による汚染を受けており、軟膏や、これに類似するものを塗れば、全く逆の効果を引き起こすことがある。治療の方法は医者だけしか決定できない。したがって、ヘルファー夫人は、火傷の部分を包帯でおおい、それ以上の汚染を防ぐだけにとどめる。傷にはりついた衣服の切れ端しは取り除かない。少女がショックの様相をていしていれば、頭を低くし、身体は温かくしておく。意識が回復すれば、お茶を少しづつ飲ませてやってもよい。この際にも医者の手当が直ちに必要である。

注意：火傷の際には、傷口に指を触れないこと。傷をきれいにしようとしないこと。油、軟膏、粉などを用いないこと。火傷の部分をおおうこと。

〔4〕の老人（下腿部骨折、顔面蒼白、意識は明瞭）に対して——

応急手当：ヘルファー夫人は、老人のズボンを切り開く。下腿部が異常に曲っているので、脚部骨折が認められる。外傷はない。ヘルファー夫人は、医者だけしか骨折をなおせないことを知っている。彼女は、負傷者に、楽な、痛まないような姿勢をとらせるが、その際も、あまり身体を動かさないようにする。彼女は、彼の気分を落ちつかせ、熱いお茶を飲ませる。それから骨折した脚を固定し、骨折した部分の両端がぶつかり合わないようにして、運ばれるのを待つ。ヘルファー夫人は、金属製の副木がもう足りなくなったので、2本の木または板切れを使い、ソックス、ぼろ布、負傷者の衣服の切れ端しなどでくるんで、骨折部の上下の関節が固定されるように、ひもで結びつける。

注意：骨折部分はできるだけ触れないこと。強いものでよく固定すること。皮膚に近い骨の部分に、やわらかいものを当てること。骨が皮膚の外まで出ているような骨折の際には、副木をする前に消毒ずみのガーゼで傷口を結ぶこと。

〔5〕の少年（煙に包まれた地下室から意識を失ったまま救い出されたが、運搬の途中で呼吸を停止）に対して——

応急手当：ヘルファー夫人は、空気がなければ人は3分間しか生きられないことを知っている。だから、彼女は、少年をすぐに、あお向けに寝かせ、一方の手で頭の上をつかみ、他の手を平たく顎に当てて、閉じた口の上に親指を伸ばし、ぐっと後方へそらす。こうすれば、舌が空気の通路をふさぐことにならない。この姿勢で呼吸が回復することがよくある。しかし、今の場合は、呼吸が回復しない。そこで、ヘルファー夫人は直ちに人工呼吸を開始する。彼女は、深く息を吸い込み、口を広くあけて、息を失神者の鼻に吹き入れる。この際、唇は負傷者の鼻にぴったりくっついていなければならない。

それから、ヘルファー夫人は（唇を離し、少年の胸廓を圧迫して息を吐かせる、これをくり返して）息をつぎ、（その間）少年が息を吐くのを注意深く見守り、胸部が沈んだり上がったりする様子や、呼吸の際の音に注意する。こうして彼女は、少年が自分で呼吸し始めるまで人工呼吸を続ける。

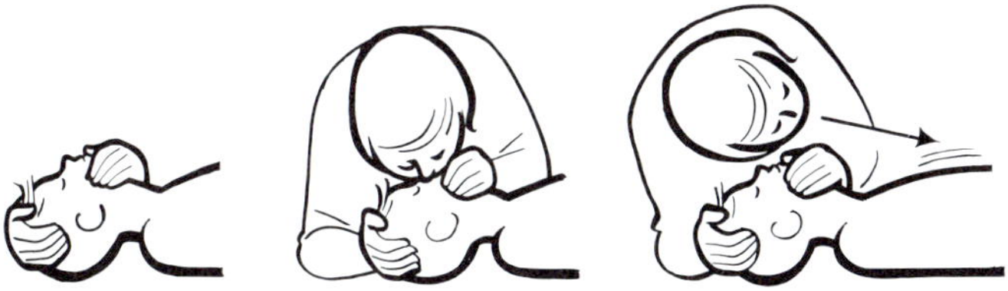

注意：意識不明の者は、呼吸が突然停止することがある。直ちに人工呼吸を始めること。鼻腔がふさがっているときには口から人工呼吸を行なう。必要なときには、口と咽喉をハンカチでぬぐって空気の通路をこしらえる。

訳者注記：上記説明文中、カッコ内の文はドイツ語版にはないが、日本の人工呼吸法の研究に基づき、訳者が補足したものである。

核攻撃の後で……

「核攻撃の後」は、ヘルファー夫人のなすべき仕事はふえて、一そう多くの警戒措置が必要となる。この仕事を、彼女は防空便覧によってよく知っている。攻撃を受けた情勢の詳細が不明であって、民間防災組織の核兵器化学兵器対策班が、放射能に関する通報をまだ出さないでいる間は、全部の負傷者が放射能の被害を受け、放射能を浴びたものとみなさなければならない。彼らのチリにまみれた衣服その他は直ちに取り除き、応急手当所から離して積み重ねなければならない。床や壁は水洗いする。

負傷者の状態が許す限り、少なくとも身体の露出部分を温かい石鹸水で洗い、必要ならば頭髪を洗うか刈り取るべきであろう。

ヘルファー夫人は、放射線障害を受けた人が放射線を出さないことを知っている。危険なのは、皮膚や衣服についた放射性の降下物が完全に取り除かれなかったり、放射能のチリが応急手当所内に持ち込まれたりする場合である。

そこでヘルファー夫人は、きっちりと締まった服、ガスマスク、ぴったりした入浴帽、ゴム製手袋を身につけることによって、自分自身の身体を放射性物質に触れさせないようにする。

　包帯材料や食料品は、常にカギをかけて保管しなければならない。これらのものは、プラスチックの袋またはブリキ罐に密閉するか、布に包むかする。

　傷口の開いた者、骨折、火傷を負った者などに対して、ヘルファー夫人は他の場合と同様の応急手当をする。

　ヘルファー夫人は、放射線を浴びた人でも、衣服や身体に付着したチリをすぐ叩き落せば、必ずしも放射能障害が起きるわけではないことを知っている。

　第一次照射による障害は、受けた照射の程度によって、重いこともあれば軽いこともある。最初の徴候として現われる不快感、嘔吐、下痢などは、たいてい数時間ないし数日たってから現われる。ヘルファー夫人は、これに対しては手の施しようがなく、医者による治療が必要であることを知っている。

　負傷者の手当が終わった後、彼女は、すべてのものを水と石鹸で洗い、自分の身体も完全に洗って、他の衣服に着かえる。

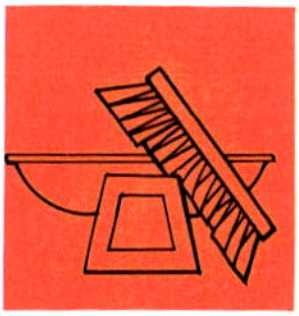

Die neue Truppenordnung hat unsere Landesverteidigung bedeutend verstärkt. Doch sind wir noch nicht auf dem technischen Stande des Auslandes und werden diesen auch nie erreichen können. Man fragt sich, ob wir nicht anstelle unserer traditionellen Wehrpolitik eine Politik der Vermittlung der Humanität und der Entwicklungshilfe setzen sollten, um uns so unsern Platz unter den Nationen zu sichern.
Bedingungen der
Die Leistungen der Kämpfer des Großen Landes waren bestechend. Prächtige Burschen waren das, wie sie ihre natürliche Kraft mit ausge
Technik zu verbinden wußten.
Die Diskussion im Nationalrat hat gezeigt, daß der Städter immer weniger Verständnis für die Nöte des Bauernstandes zeigt. Dies ist bedauerlich, weil der Bauernstand eh und je der solideste Pfeiler unserer Landesverteidigung war. Wenn es so weitergeht, ist es unvermeidlich, daß auch der Bauer, dem man immer größere Opfer zumutet, seinen Wehrdienst nicht mehr mit derselben Be-
Motion der

心理的な国土防衛

軍事作戦を開始するずっと前の平和な時代から、敵は、あらゆる手段を使ってわれわれの抵抗力を弱める努力をするであろう。

敵の使う手段としては、陰険巧妙な宣伝でわれわれの心の中に疑惑を植えつける、われわれの分裂をはかる、彼らのイデオロギーでわれわれの心をとらえようとする、などがある。新聞、ラジオ、テレビは、われわれの強固な志操を崩すことができる。

こうして、最も巧妙な宣伝が行なわれる。これにだまされてはならない。戦争の場合、われわれの生き残ることを保証するあらゆる処置をとろう。生き残るためのあらゆる手段をとろう。素朴な人道主義に身をまかせることは、あまりにも容易なことである。偽せものの寛容に身をあやまると、悲劇的な結末を招くであろう。敵の真の意図を見抜かねばならない。

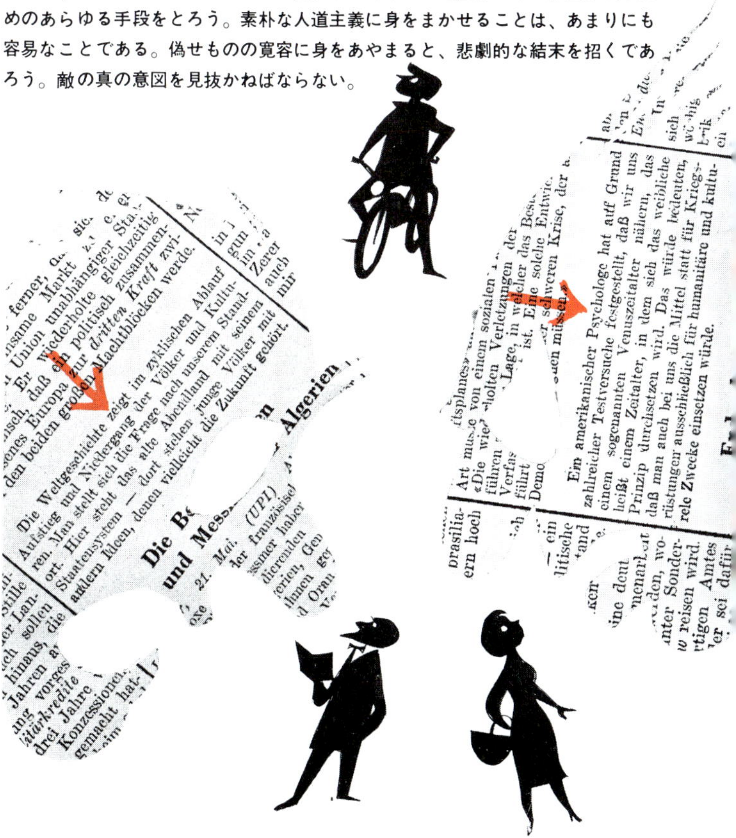

もはや恐怖に負けてはならない。学者たちは、あらゆる努力は無駄だとわれわれに信じ込ませようとしている。研究所が引き出した恐るべき破壊力を前にしては大声で恵みを求める以外にないと彼らは言う。

しかし、ノーである。われわれは最後までみずからの主人であり続けよう。

われわれは、力のかぎり平和を欲する。平和を守るためには、われわれはすべてを捧げる。平和をわれわれは愛するからである。

われわれの生命(いのち)と運命が神の御手の中にあることを忘れてはならない。しかし、神のおぼしめしにそって神を助けるのは、われわれのなすべきことである。

戦争の危険は次のような形で示される

国際緊張の激化
戦時経済措置の発動
統制配給
心理戦防衛強化
スパイと地下攪乱活動
民間防災の用意と訓練
文化財保護

外国における戦争の勃発
武装中立
軍隊および民間防災組織の動員
民間人の徴用
抑留者と亡命者
わが国の政治に対する国外からの圧力
放射能の危険

日一日と平和は不安定になってくる。

戦争の危険が生じただけでも、われわれの負担は重くなる。明確な考察、強固な意志、犠牲的精神、これが必要になる。これらの精神的条件は、軍隊においてだけでなく、国民の日常生活、経済生活においても、職場においても必要になる。日常茶飯事における規律ある行動が特に重要である。このような時期に、外国はわれわれを注目している。われわれの一挙手一投足が注意深く見守られている。戦争の危険にわれわれがどのように対処するか、どのように持ちこたえていくかを見て、敵はわれわれを攻撃するかどうかをきめる。

さて、これから、わが国の波瀾の多い運命を辿って見よう。ここに出てくる名前などを現実に捜し出そうとしないでもらいたい。次に述べるのは、勝手につくり上げた例にすぎない。この人は一体だれかと推理してみたり、中に出てくる国や都会を地図の上で捜したりしないでもらいたい。それは捜しても見つからないであろう。

ポラリス通信の伝えるところによれば、3隻のヘスペリア国タンカーは、タラスク国の潜水艦によって、サメ海において撃沈された。

ヘスペリア海軍の軍令部長は、今後、モドックからの石油の運搬は、中部条約機構（MIPA）の艦隊によって護衛されるであろうと発表した。

中部条約機構の南方司令部は、5月12日17時15分、黒岬において、護衛中のヘスペリア国駆逐艦がタラスク国潜水艦によって撃沈されたと発表した。

ヘスペリア国大統領は、休養地から急いで首都に帰った。

中立都市タビル市では、タラスク国の支援を受ける進歩党が権力を奪取した。

戦争勃発の可能性あり

スイスのある新聞記事の要約：

情勢は急速に緊張した。われわれの周辺にふたたび戦争の気配がただよう。しかしわが国民はあくまで冷静さを失なわない。目下の危険を過少評価することもなく、また、事態の推移を徒らに劇的にみることもせずわが国民は、国際情勢の発展を注目している。

不測の結果をもたらしかねない重大事件が発生するのは初めてのことではない。しかし、これまでのところ大国は、破局がもたらす恐るべき結果を前にして、二の足を踏んだのだ。

何よりも、わが国民は、わが国の防衛準備が完成されているのを知っている。われわれは、力の限りを尽して、何が起ろうとも、わが国の中立を維持しよう。

同じ日付の他の新聞記事：

幻想を抱いてはいけない。日一日と情勢は悪化する。今夜検討された調停手続がうまくいかない場合には、事態はどこまで進展するだろうか。

警戒しすぎることはない。不意を打たれないためにできることは、すべて、冷静にやる必要がある。わが国の民間防衛および軍事的手段の価値を信頼しよう。

とりわけ、敗北主義に陥らぬこと、そして徒らに恐れないこと。われわれはまだ世界を支配する人々の叡知に期待をかけている。最悪の場合でも、核兵器だけは使われないよう期待する。しかしたとえ、使われたとしてもわが国の準備のお蔭でわれわれの何割かは助かることを知っている。

いかがわしい分子が何人か逮捕されたそうだ。

「スパイごっこ」におぼれてはいけないが、それでも今の段階からわが身を守れるようにしておこう。

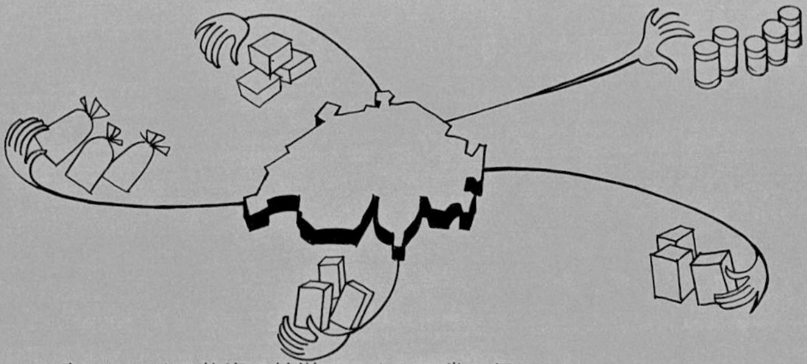

スイスにおける物資の輸送は、まだ正常に行なわれているが、何十万という主婦が、日用必需品の貯えをふやそうとしている。卸売商人や輸入業者は、需要に応ずるため、また、在庫をふやすために、輸入を増加している。

国外の危機が高まったので、スイスの国民意識は強化された。激しくなる敵の宣伝工作によって、スイスでは、かえって自己の価値に一そう留意するようになる。スイスは、強い健康体が伝染病に対して反応するように、反応する。

起こり得るかもしれない流通停止と配給制度への準備ができる。証明書は、最初の数ヵ月分が印刷され、各州で各市町村への配付の準備が整っている。緊急事態に臨んで戦時経済機構に編入される人々が決定されている。

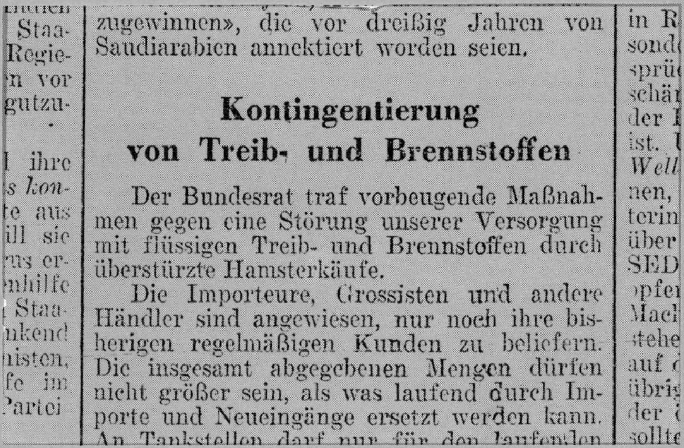

zugewinnen», die vor dreißig Jahren von Saudiarabien annektiert worden seien.

Kontingentierung von Treib- und Brennstoffen

Der Bundesrat traf vorbeugende Maßnahmen gegen eine Störung unserer Versorgung mit flüssigen Treib- und Brennstoffen durch überstürzte Hamsterkäufe.

Die Importeure, Grossisten und andere Händler sind angewiesen, nur noch ihre bisherigen regelmäßigen Kunden zu beliefern. Die insgesamt abgegebenen Mengen dürfen nicht größer sein, als was laufend durch Importe und Neueingänge ersetzt werden kann. An Tankstellen darf nur für den laufenden

自動車のガソリンは、車のタンクへだけ入れる。予備タンクの給油は不可

今までの買い手にだけ、従来の量で供給

非売、軍用予備品

ここで想定された状況においては、連邦内閣は、たとえば、どの予約者も、自分の予約のある会社で、従来の年間所要量の70%を購入することができる、とするだろう。

ビクトル・ボルコップは、これは彼には該当しないものと考えた。彼は、ロイヤル・ホテルとフレストリ総支配人の暖房用オイルタンクをいっぱいにしてやったが、その値段というのは、ロイヤル・ホテルのバーで夜半にきめられ、しかもその際ボルコップの好意がちょっぴり示された、というものだった。そのために、彼は他のお客の配給分を減らしてしまった。戦時経済局はこれを摘発し、ボルコップは暗い所へ入れられた。彼は裁判で申し開きをしなければならないだろう。

わが国の自由と多様性に対応して、宣伝と、異質のイデオロギーに対する対抗策も、また多様で自発的である。家庭、教会、学校、政党およびその他の組織、責任ある新聞、ラジオ、テレビは、各個人とともに、心理的国土防衛のにない手である。

gungskomitees zum «wirksamen Widerstand gegen die Chinesen» gebildet werden.

Wehranleihe stark überzeichnet

Die von den eidgenössischen Räten vor vier Monaten beschlossene Anleihe von 835 Millionen Franken zur Verstärkung der Landesverteidigung ist bereits stark überzeichnet worden. In einer spontanen Welle vaterländischer Begeisterung wurden über 200 Millionen Franken allein in Form von 100-Franken-Scheinen durch einfache Leute, Vereine und Schulklassen gezeichnet.

Erfolgsmeldungen der Royalisten

Dschidda, 6. Nov. ag (AFP) Radio Mekka ver-

rungspartei an der Regierung Kritik üben und möglicherweise in einigen Punkten gemeinsame Sache mit der Opposition machen werden.

Kombinierte Zivilschutzübung in Niederburg

ahb. In Niederburg fand in der Nacht vom Freitag auf den Samstag eine große kombinierte Zivilschutzübung statt. Der Chef des Eidg. Justiz- und Polizeidepartementes unterstrich durch seine Anwesenheit die Bedeutung der Uebung und führte anschließend gegenüber der Presse aus, daß ihn die Uebung außerordentlich befriedigt habe. Nach Ueberwindung aller Widerstände sei der Zivilschutz heute auf der Höhe seiner Aufgabe. Es würde möglich sein, auch bei schweren Angriffen die Verluste der Zivilbevölkerung stark zu reduzieren. Mit dem Zivilschutz sei nun der andere große Pfeiler unserer Landesverteidigung endlich errichtet und die empfindlichste Lücke geschlossen worden. Es sei heute möglich, daß Länder ohne genügenden Zivilschutz durch Kriegsdrohungen politisch erpreßt würden, ohne daß die Armee, für die man viel aufgewendet habe, zum Einsatz gelangen könne. Die Schweiz dürfe heute den Ereignissen gefaßt entgegensehen.

〔上掲新聞記事の訳〕ニーダーブルクにおける合同民間防災演習

ニーダーブルクにおいて、金曜日の夜から土曜日にかけて、大規模な合同民間防災演習が行なわれた。連邦法務警察省の長官は、本演習を重視して、これに臨席し、演習終了後、演習が大成功であったと、次のような新聞発表を行なった。

民間防災組織は、万難を排して、今日、よくその任にたえ得るものとなっている。激烈な攻撃を受けても、民間人の損害をきわめて低目にとどめることができるだろう。民間防災組織によって、わが国土防衛のもう１本の柱が立てられ、一番の弱点が除かれた。今日、充分な民間防災を持たない国は、多額の費用をつぎ込んだ軍隊が防衛に投入される前に、戦争の脅威によって政治的に強奪されてしまう可能性がある。スイスは、今日、事態の推移を冷静に見守っていけるだろう。

以下のページには、上記のような民間防災演習がどのように行なわれるかが述べられている。

ニーダーブルクは、早目に警戒体制をとるように指令された。市民は避難所の中にいる。市には灯火管制がしかれた。通りは人の影がない。病院の地下治療室、地下手術室、救護所などは、準備が整っている。民間防災の指揮班や行動隊も、出動準備が整った。警報および通信機関は、すでに活動を開始している。各部隊の長は、その補佐の任に当たる者とともに待機しており、いまや彼の双肩に全責任がかかっている。

ニーダーブルクはミサイル攻撃を受ける。核兵器対策班は直ちに放射能を測定する。

対空防災隊
出動準備完了。

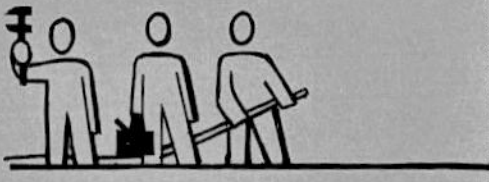

戦時消防班、
工事班、保安班、
出動準備完了。

衛生班
準備完了。

対空防災隊
出動準備完了。

核兵器化学兵器対策班の報告によれば、放射能はごく僅かである。自警団（住宅自警団、職場自警団）は、避難所を離れてもよい。彼らは、負傷者に応急手当を施し、家をなくした人々の世話をし、多くの火災の火元を消す。地域防災長は、これらの活動を監督し、各団長から、それぞれの団の管轄区域の事態を絶えず報告させる。

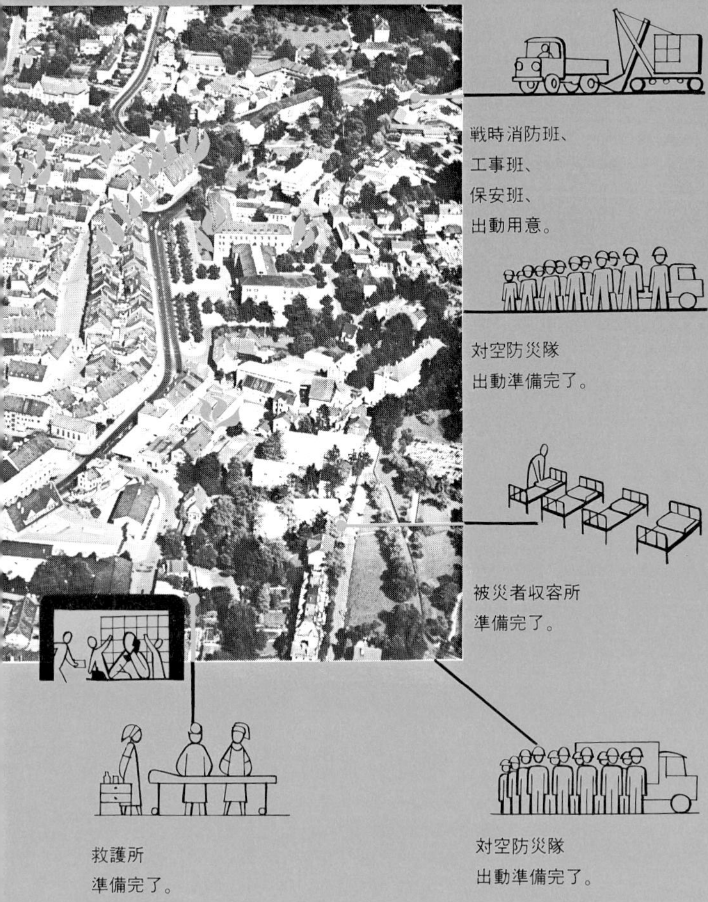
戦時消防班、
工事班、
保安班、
出動用意。
対空防災隊
出動準備完了。
被災者収容所
準備完了。
救護所
準備完了。
対空防災隊
出動準備完了。

地域防災長は、入って来た諸情報を分析して、最大被害地を判定し、適切な対策を講ずる。

アルト街北部に大火災と破壊、南方に延焼する危険あり。

住宅自警団や職場自警団では、もはや手に負えない事態となってきたことが、確認された。地域防災長は、配下の部隊を導入することを決意する。

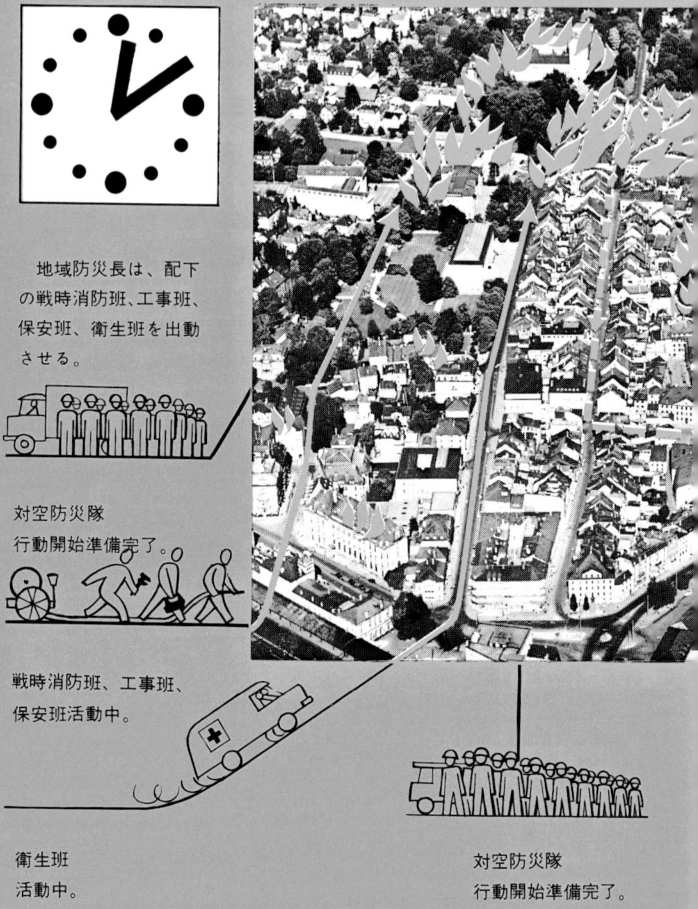

地域防災長は、配下の戦時消防班、工事班、保安班、衛生班を出動させる。
対空防災隊
行動開始準備完了。
戦時消防班、工事班、保安班活動中。
衛生班
活動中。
対空防災隊
行動開始準備完了。

救護所はコンクリートの下にある。運搬可能な負傷者は、さらに病院へ運ばれる。被災者や迷子は、収容所に連れていかれる。消防班と工事班は、大型救助器具を使って、閉じ込められた人々の救出を行なう。

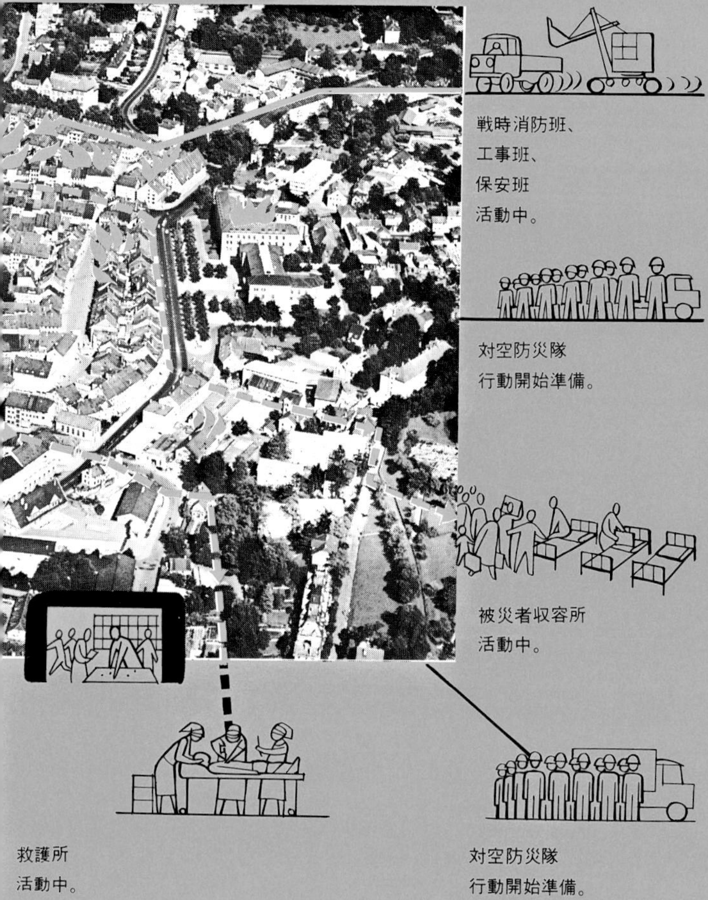
戦時消防班、
工事班、
保安班
活動中。
対空防災隊
行動開始準備。
被災者収容所
活動中。
救護所
活動中。
対空防災隊
行動開始準備。

地域防災長は、被害が大きくて、自分の力だけでは防げないと判断する。火災は南方へと広がる。対空防災隊の隊長と協議し、同隊を被害中心地に差し向ける。

ニーダーブルクの対空防災隊の大隊は、4中隊をもって活動に入る。

対空防災隊
活動中。

戦時消防班、
工事班、
保安班
活動中。

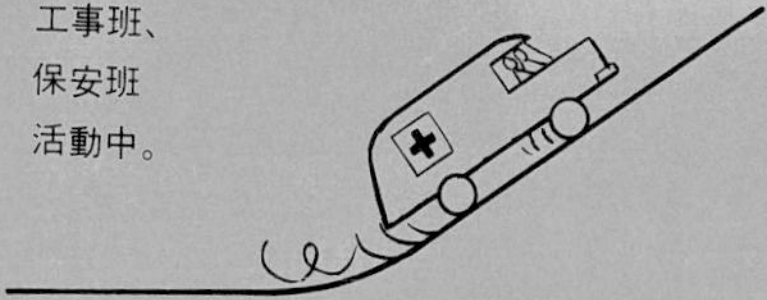

衛生班
活動中。

対空防災隊
活動中。

対空防災隊長は、地域防災長と協議ずみの計画に基づき、現存する給水所、開放されている通路を考慮して、中隊を3方面から現場に向けることを決定した。

消防班が水煙をあげて消火作業に当たっている間に、救助にあたる隊は、火煙の中を、崩れかかる壁の間を縫って活動する。土木機械が瓦礫を取り除く。

戦時消防班、工事班、
保安班活動中。

対空防災隊
活動中。

被災者収容所
活動中。

救護所
活動中。

対空防災隊
活動中。

圧搾機と焼き切り機を装備した軍隊と民間防災組織工事班は、瓦礫と邪魔物をかき分けて、生き埋めになっている人々のもとへ辿りつく。救助された者は安全な場所に運ばれ、負傷者は医者の治療を受ける。地域防災長は、指揮下の民間および軍事的組織によって、被害を少なくすることに努める。

われわれが祖国を救うためと思ってやっていても、敵の工作に幻惑されるならば、迷ってしまって、われわれらしくないことをするといった危険がある。：

愛国運動宣言

敵国の強力な宣伝工作および反宣伝工作に立ち向かうべきときが来た。遺憾なことに、従来、当局は、このためにほとんど何らの措置もとっていない。敵は、政党、青年団体において、政治的、イデオロギー的の訓練を受け、戦闘的組織をとっている。これに対抗し得るためには、われわれも同様なことをせざるを得ない。われわれは、スイスの教科書の内容を、イデオロギー体系的に説明する必要がある。わが国内でも、敵国の論客や煽動者に立ち向かえるように、弁証法をあやつることのできる人を養成しなければならない。われわれは一致団結して、勇敢な軍隊そのものになる。われわれのシンボルは、先祖が使った“星球形武器”である。われわれの鬨（とき）の声は、昔のスイスと同じ「ハルース」である。

愛国運動
署名　ヴィルヘルム・アイフエルリ

心理的国土防衛に専心するのあまりに、政治的過激主義に陥ることのないよう用心しなければならない。敵が攻撃に用いる手段をそのまま反撃のために用いなければならないと考えるのは、ゆゆしいことである。宣伝に立ち向かうのに、同じたぐいの反宣伝を行なう必要はない。左右の全体主義イデオロギーには、思想の自由をもって対処すべきである。イデオロギー的訓練とは、人間社会生活の法則を勝手につくり上げ、これに基づいて人間の行為を規定することであって、このようにして、人間の自由な思考と行動に対する責任というものをなくしてしまう。

わが国家は、自由とキリスト教の上に成り立っている。この両者は、ともに、イデオロギーでもなく、教条的体系でもない。われわれは、入り乱れる精神的闘争の中にあって、われわれの、最上の価値を持つ財産を、見失ってはならない。教条的訓練を受けた大衆の力におそれをなしてはならない。したがって、スイスで言う心理的国土防衛とは、教条的訓練ではなく、各人の判断力と完全な責任感を養うことである。したがって、スイス精神をはぐくむということは、第一義的には、連邦議会のする仕事ではなく、全国民、政党、教会、精神的・文化的団体のする仕事、各人のする仕事なのである。両親、養育者、教師、ジャーナリスト、作家、芸術家、これらの人々は、スイス精神を国民に植えつけ、自己主張の意志を強化しなければならない。

心理的国土防衛は、わが国の多様性と自由を反映して、多様の根を下ろしている。市町村、州、連邦の役目は、この思想の自由な発展を力の限り促進することである。特に、当局の果たすべき仕事は、われわれの精神的抵抗力に対する敵の攻撃方法を、模倣するためにではなく、われわれの防戦に必要な資料と知識を得るために、詳細に研究させることである。

ＭＩＰＡ司令部筋からの情報によれば、タルメニア国境に展開中のタラスク軍の動きが確認された由である。

今晩のテレビ演説で、ヘスペリア国の大統領は、「タルメニア国へのいかなる国の侵略に対しても、わが国は直ちにあらゆる手段をもって対抗する」と宣言した。

タビル市では、市の防衛のために「緑」政府が樹立された。情報によると「緑」政府軍はタラスク国の義勇兵からなっていると伝えられる。

ヘスペリア国の大都市住民は、当分の間、夜を避難所で過すように指示された。

戦争の切迫

経済国防委員会担当連邦内閣委員の声明：

われわれが当面している政治危機は、わが国民を不安に陥れている。

連邦内閣は、刻々と展開する事態の推移を見守っており、必要に応じて、長期間にわたって準備した適切な措置をとる。

冷静を欠くことは災禍を招く。必要物資は確保されている。

米、めん類、からす麦、大麦、とうもろこし、小麦粉、片栗粉、砂糖、コーヒー、食用油脂などの食料、石鹸、洗剤その他、生活必需物資の公正な配給割当が命ぜられ、即刻実施された。

買占めは、すべて処罰する。

一部裕福な人のみが必需品を確保できるというような事態は、断じて許せないことである。

本日の会議において、連邦内閣は、今後、わが国に入国を許可するのは、外国の政治的亡命者と、わが国の農工業に仕事を求める労働者だけである、と決定した。わが国に不動産を持っている外国人も、これについては、どのような特権をも要求することはできない。

新聞記事の抜萃

ある地方新聞の記事：

収入の少ない家庭を買占めから守るための配給割当は、迅速に実施された。

この措置は、正義に基づくものであって、わが国民にとって大いに役立った。

当局が行なっている配給割当は、日を追って効果を発揮している。利己主義者たちは、ひともうけしようと企らんでいるかもしれないが、百貨店も一般の商店も、彼らに大量の品物を売らないから、その企ては断念しなければならない。特に、商店に対しては、ふだんからのお得意さんだけに売るようにとの命令が出たので、商店を回わって買い占めることもできない。

身分証明書に商店のスタンプを押すことになったので、詐欺行為もできない。

充分な収入のない家庭も、前もって備蓄の用意ができなかったことを心配する必要はなく、最小限度必要なものは手に入れることができる。

この規則が厳守されているお蔭で、食糧事情がきわめて困難になることを恐れることなく各家庭は、安心していられる。

買占めをしようと思っている者には気の毒だが、これによって、金持も貧乏人も、同じ苦楽を分かち合うのである。

わが国の企業にとって困難な事態

外国人労働者が不足したため、多くの企業は、生産を縮小したり一時的に中止したりせねばならない。新しい企業や、手を広げ過ぎた企業の高価な設備によって、生産原価は極端に押し上げられているので、これらの企業にとっては特に影響が大きい。

もしもこれらの企業が当局の警告を受け入れていたら、今日、このような事態は生じなかっただろう。

文化財の保護

国立博物館事務局の発表によると、同事務局は、国際間の緊張によって世界に戦争のおそれが強まっているので、国立博物館の最も貴重な陳列品を安全な場所に移した。

当分の間、貴重な芸術作品の一部は公開できなくなったが、国民はこれを理解してくれるだろう。

わが国の経済に対する打撃

ヨーロッパのＭＩＰＡ加盟諸国では、すべて予備兵を動員したので、わが国の経済が依存していた外国人労働者は、大部分が国外に去り、わが国経済は部分的に麻痺状態に陥っている。

Schwarze Tage für unsere Industrie

GG. Zufolge der plötzlichen Abwanderung ausländischer Arbeitskräfte mußten bereits zahlreiche Industriebetriebe ihre Produktion stark reduzieren und teilweise ganz einstellen. Besonders empfindlich wirkt sich dies in den zahlreichen Betrieben aus, die trotz allen Warnungen erst vor kurzem stark erweitert oder neu errichtet worden sind und wo die kostspieligen Anlagen stillgelegt werden müssen, bevor sie auch nur einigermaßen amortisiert sind.

Kulturgüterschutz

Die Direktion des Schweizerischen Landesmuseums gibt bekannt:

Angesichts der Weltlage sah sich die Direktion des Schweizerischen Landesmuseums veranlaßt, im Rahmen der vorbereiteten Maßnahmen zum Kulturgüterschutz ihre wertvollsten Sammlungsobjekte in Sicherheit zu bringen. Die Direktion bittet das Publikum um Verständnis, daß bis auf weiteres einige wichtige Objekte nicht ausgestellt werden können.

Aderlaß unserer Wirtschaft

ahb. In den europäischen Mipa-Staaten ist die Mobilmachung aller Reservisten verfügt worden. Da anzunehmen ist, daß der größte Teil der Verheirateten auch ihre Familien mitnehmen wird, bedeutet das, daß die schwei- … Wirtschaft auf einen Schlag minde- … Arbeitskräfte ver-

陸軍部隊と国防軍の地域防衛隊のそれぞれの参謀の一部が、それぞれの動員計画に従って動員された。

地域防衛隊に属する軍事経済将校は、戦時経済機構その他の関係当局および民間防災組織と連絡をとって活動を開始する。

軍事経済将校は、食料品と飼料のリストを管理し、家畜を調査記録し、軍隊、民間防災組織および戦時経済にとって欠くことのできない徴発を行ない、戦時用貯蔵倉庫を点検する。

国民生活はどんなことがあっても続けていかなければならないので、連邦、州、市町村の当局は、数々の困難に当面しながら秩序を維持しなければならないのである。

総司令官の任命

―新聞記事抜萃―

上下両院は、今朝11時に合同会議を開き、203票をもって、わが軍の戦時総司令官としてロドルフ・ウエルドミュラー将軍を選出した。

その他の首脳部将官についても投票が行なわれた。ウエルドミュラー将軍は、満員の議場に、落ちついた態度で入場し、宣誓を行なった。

下院議長は、議員を代表して祝詞を述べ、将軍自身と、今日から将軍が指揮する軍隊に対して、国民が抱いている信頼感を表明した。

全スイス国民は、ウエルドミュラー将軍の総司令官選出に満足し、これを歓迎した。

軍隊の部分的動員

情勢は悪化する一方である。国境部隊と、かなりの数の特殊部隊に対して、動員命令が発せられた。

動員された部隊は直ちにその任務を尽くす旨を宣誓した。国境は閉鎖され、侵略者の役に立ちそうな道路沿いや各地域の標識は、すべて取り除かれた。

わが軍の陣地は、国境においても国内においても、充分に固められている。

特定の道路は閉鎖され、障害物が置かれている。重要な施設は軍事的に監視されている。

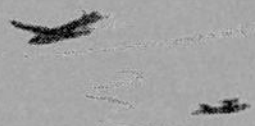

爆薬が設置された構築物は、いつでも爆破できる状態に置かれている。交通規制が行なわれている。

鉄道従業員の一部は武装している。

偵察飛行隊は、入念に標識をつけた国境線の上空をパトロールしている。

灯火管制が全国に発令されている。

地域防災組織は、出動体制をとっている。

応急手当所および救護所が組織される。

給水所が、水道網と別個に設けられる。

必要な個所では監視が強化され、連絡計画と連絡網が整備されている。

企業的記念物と博物館には、文化財保護の国際標識が付されている。(楯の模様)

地域防災組織は演習を行なう。

職場自警団は常時出動体制をとっている。

住宅自警団は、手元に水と砂を用意している。

屋根裏は、きれいに片づけられる。

新聞記事抜萃

今や戦争状態に入ることは必至と見られる。戦争以外の手段で両陣営が、現在の悲劇的状態から抜け出す方法は考えられない。

連邦内閣は、今や、奇襲的攻撃を避けるため、わが軍隊に対して部分的動員を命ぜざるを得ないことを認めた。

ウエルドミュラー将軍の任命は国民に好い印象を与えた。国民は、将軍の決断力と、将軍がこれまでの軍歴において、自分の指揮下にあった部隊に対して常に示してきた理解力とを、高く評価している。

総動員も間近いであろう。総動員が急速かつ完全な秩序のもとに実施されるために必要な、あらゆる措置がとられた。銀行の窓口係は、かけつけて来たお客の要求をさばくのに苦労している。

灯火管制はどこでも規律正しく守られている。民間防災組織によって命ぜられた仕事は急速にはかどっている。

責任者は、各家庭を視察し、特に灯火管制の分野でとられたあらゆる措置を監督した。

学校の運動場に堀が掘られた。そこには民間防災に必要な水を入れることになろう。

ニュース映画はタビル市の義勇軍動員状況を見せている。何という熱狂ぶりであろうか！　宣伝はその力を失っていない。

リオン・ドール亭で、人々は、わが軍の総司令官はかつて緑シャツ運動に同情的であったらしいと語った。ロン伍長はそれを信じなかったが、仲間にその話をした。

「ツァイト」紙は、食糧配給に関する連邦内閣の怠慢を非難したセンセーショナルな絵入りの、偽せのドキュメンタリー記事を掲載した。

タラスク放送は、毎日、「われわれを勝利の道から引き戻せるものはない」という歌を放送している。この勝ち誇った歌声はわが国民にも影響を与えている。こんなものは聞かないほうがいいのではないだろうか？

タラスク側の雑誌は、スイスに気に入りそうな記事を掲載している。そのテーマは、「われわれの理想は同じだ。手を結ぼうではないか。」

敵は、われわれの内部における抵抗力を挫折させるための努力をしている。わが国民に偽わりの期待を与えて欺むこうとしている。われわれをスパイし、わが国政府に反対する世論をあおり、われわれの制度を批判し、ときには、おどかし、ときには、取り入ろうとしている。

われわれの批判精神、判断力は、きびしい試練にさらされている。われわれを取り巻く偽わりの網の中から、絶え間なく真実を選び出さなければならない。

われわれに提供される偽わりの情報や、われわれの指導者や政府に対する悪口を、充分に警戒しなければならない。国際情勢も、悪意あるやり方でわれわれの前に示されることがある。われわれの義務は、断固たる態度をとり、嘘を言いふらさないことである。新聞、テレビ、ラジオの義務は、客観的に報道することである。それによってのみ真実が取り戻される。

タビル市の市長は今朝、同市をタラスク国に併合すると宣言した。

パダニ国代表は“世界機構”の席上、自由都市タビルのタラスク国への併合に対して抗議した。同氏は国際軍を派遣してタビル市を占領するよう要請した。

ＭＩＰＡ南方司令部は、護送船団に接近した２隻のタラスク国潜水艦を撃沈した、と発表した。

タビル中立化地域の国境では、「緑」政府軍とパダニ軍の間に激しい戦闘が展開された。

パダニ国大統領は、「タラスク国との外交関係は断絶しない。今なお、紛争の解決を望む」と述べた。

わが国の周囲に戦争勃発

人々が長い間恐れていた戦争が勃発した。タビル市のいわゆる「緑」政府軍に関する茶番劇の秘密は決定的に暴露された。それは、すべての機動力を装備した徹底的な近代的軍隊である。

外交官の召還こそまだ行なわれていないが、わが国の国境では、戦争の空気が濃厚である。

連邦内閣は、わが国の中立の権利と、それをいかなる手段によっても尊重せしめようとするわれわれの決意を、明確に表明した。

わが国境は閉鎖されている。わが国境に構築されている要塞や砦に対する部隊の配置は、数日前に完了している。

軍隊と民間防災組織の総動員が発令された。掲示によって動員が国民に知らされ、政府は全国民に、平静を保つよう求めている。動員が秩序正しく行なわれるため必要な、あらゆる手段が講じられている。戦時刑法の規定が実施に移された。

連邦内閣に与えられた非常大権

自由販売の禁止と配給制	次の品物について行なわれる： 米、めん類、からす麦、大麦、小麦粉、とうもろこし、片栗粉、豆類、砂糖、コーヒー、食用油脂、石鹼、洗剤、固形および液体燃料、繊維製品、靴。
配給制以外の食品の配分	パン、肉類、牛乳、チーズ、罐詰などについて。
その他の措置	物価統制委員会は、価格を決定する。 公共輸送手段に対する戦時時刻表の決定。 民間電話連絡の制限。 きびしい道路交通の制限。 避難の規制。 規定航空路以外の航行禁止。

連邦議会の決定：

国の安全を確保するため、連邦議会は、連邦内閣に対して、いかなる情勢においてもスイスの中立を確保するための大権を与える。連邦内閣は、経済面においても、必要なあらゆる措置を講ずる。

スイス新聞の記事抜粋

動員は、国内至る所で、秩序と規律のうちに実行された。しかしながら、これを混乱させようとする数々の虚偽の情報が、わが国のあちこちの地方で言いふらされたことを、国民の前に明らかにしたい。

命令に全く反する発生源不明の指示が、一般国民の中に流布されていたのである。

ラジオとテレビは、秘密ゲリラや外国の宣伝の仕わざであるこれらの策略と対決するため、敏速な行動をとることができた。

もう一度繰り返そう。わが国民は、あらゆる敗北主義的ニュースを警戒せねばならない。

武力に訴える前に、巧妙かつ悪質な宣伝でわれわれを倒すことができれば、敵にとって最大の利益であろう。

故に、自制することを学んで、われわれの足下に仕かけられたワナに陥らないようにしよう。政府当局のみが、国民の名において語ることを許されているのである。何が起こっても当局は国民に知らせるであろう。当局から出たもの以外の情報は、すべて拒否しよう。

今朝、戦時体制に入った部隊は、急速に、それぞれの動員部署に到着し、武器装備を手にした。確立された計画に従って集結が実施されつつある。事故は全く起こっていない。動員されなかった者は沈黙を守ることが、ぜひとも必要である。わが軍部隊は「スイスのどこか」にいるのである。

沈黙することのできない者は、国の利益を害することになる。口を閉じて、われわれの舌を温かくしておこう。道ばたで拾ったどのような噂話も流布されないようにしよう。沈黙も、国に対する奉仕である。

国民への通告

（動員の数日後、各公民館の壁に次のような通告が張り出される。）

「国の防衛のため、一貫した努力が国民に求められている。軍は、その防衛陣地を完成するために、とりわけ、工具、建築資材および各種の車輌が必要である。このために、われわれは次のことをよく知っておこう。

1. 徴発は、合法的に明確に定められた規定によって規制される。軍、民間防災組織および戦時経済部は、補償を行なうことを条件として徴発を行なう権限を有する（資材、車輌、工具等）。市町村当局は、民間防災組織が必要とする資材を確保するために必要な措置をとる。
2. 原則として、徴発は地域防衛隊の任務である。軍事経済将校は、徴発されるものの所有者に受取証を渡し、また、徴発された資材の返還が必要な場合には損害賠償とともになされるように注意する。
3. 例外的に、徴発が軍隊によって直接行なわれる場合には、その責任者は必要な受取証を発行する。この書類の写しは必要な手続きのため最も近くにある地域防衛隊司令部に送られる。
4. 国民は、国の防衛に必要な場所や土地を軍隊が使用することを拒否できないが、補償を受ける権利を有する。防禦構築物の建造に先立って、その場所の所有者は、責任者の将校に対してその権利を主張すれば、これについて書類が作られる。

徴発に関する法令についての詳細は、市町村の係に問い合わせられたい。そこでは、徴発に関する法規定について相談に応じることになっている。

事務局長：X

沈黙することを心がけよう。慎重さは、戦時においては特に美徳である。

交戦国は、いずれも、明日はわれわれの敵になるかもしれない。われわれに関係のあることは、すべて彼らの関心を引く。したがって彼らは、われわれに関する情報を得る機会を逃がすことはない。

わが軍の所在地、わが国の防衛装備、手段、列車、時刻、民間事務所の電話番号、部隊移動の有無、どんな建物が保護されているか、ある区域に軍事施設があるか。――

どんな情報でも敵にとって有益である。ある官吏の名前とその習慣を知ることは、わが方に同盟者を求めようとしている敵に、いつかは役立つであろう。われわれは自分の弱点を知らねばならない。沈黙することを心がけることは、国家防衛に協力することである。

地方新聞に掲載された小ニュース

「禍い転じて福となる」と言うが、わが国の生徒児童は、現在の状況に大いに満足している。というのは、学校の敷地は軍隊の使用に充てられており、大部分の教師は動員されている。この嬉しい休暇がいつまで続くだろう？

X市に住んで、市の上流階級と交際していた、ある外国人が逮捕され、その自宅から無線通信機が発見された。社交の名のもとに、彼はいろいろの情報をたくさん集めていたが、遂に仮面をはがされたのである。

仕事のできる年齢に達している生徒には、農場、工場、商店などで、いろいろな仕事が割り当てられて、動員された人々の代りの役を果たしている。

騒々しい夜

わが国民は、昨夜は充分眠れなかったであろう。装甲車の通過、飛行機の絶え間ない爆音など、われわれに戦争の気配を強く感じさせたが、幸いにも今朝は静けさが戻って来た。病院の屋根には大きな赤十字が描かれた。

話の種

われわれの隣の地区では、ある一家が一寸忘れることのできないような災難に出会ったとのことである。それというのは、動員令が下るとともに、X氏夫妻は車で自分たちの山荘に向かったが、何という不運か、最初の橋の入口で憲兵につかまり、家に送り返された。結局、X氏夫妻は、みんなと同じ運命を分かち合うことになったのである。

この時期における民間防災組織の活動

民間防災組織は、戦闘部隊と同時に行動態勢に入り、数日間で準備を完了した。そして、不慮の災害に際してすべてのことがうまく動くように心を配っており、任に当たる人たちは、この最もデリケートな任務になじみつつある。

いろいろな訓練の結果、この機構の弱点が明らかになったが、うまくいかないところを改めるだけの余裕があった。二週間後には、毎週交代する四分の一の隊員は自分たちの部署につき、四分の三は出動態勢に置かれて、一定の区域を離れてはならないことになった。そして、警報が鳴ったら全員がその部署にかけつけるのである。

住宅自警団は毎週一回合同演習に参加する。

地域防災組織のメンバーは、他の人々を訓練する任務を持つ。

こうして、民間防災組織の人たちは、平時に訓練を受けなかった人にも訓練がだんだん行き渡ることになり、整然たる活動が国の全地域で遂行されることになる。

妨害工作とスパイ

数日前、メルヴィルの鉄道の橋に近い農家の納屋に積まれてある乾し草の中に、鉄道従業員の制服が三着隠されているのを、その農家の主人が発見して、警察に届け出た。秘密のうちに監視が行なわれた結果、わが国の鉄道幹線の一つを爆破しようと企らんでいたにせの線路検査係が三名逮捕された旨、警察から発表された。

デュトレンでは、ある日、飲料水貯蔵所の監視人が、貯蔵所の鍵がなくなったことに気づいた。通報を受けた警察は、正式の滞在許可証を持っている外国籍の銀行員を逮捕したが、同人は、盗んだ鍵を使って貯水所に侵入し、飲料水を汚染するために、暖房用オイルのいっぱい入った入れものを用意していた。この妨害行為は実行寸前に防止されたが、われわれの警戒心はこれによって強められた。われわれの置かれている状況のもとでは、用心し過ぎるということはないのである。

モントルジュの丘にある森のはずれで遊んでいた子供たちが、地面を掘ったところ、無線通信機のほか、いろいろな道具の入っている小箱が出てきた。子供たちはこれらの品物を喜んで村に持ち帰ってしまったので、警察は、妨害工作あるいはスパイ網を発見できるせっかくの機会が失われてしまったことを、非常に残念がっている。

敵はあらゆる手段を使ってわれわれを弱めようとしており、そのために戦争が始まるまで待つようなことはしない。スパイ行為は第一の武器であり、収穫も大きい。敵はわれわれについて充分すぎるほど情報を持っている。大仕かけに行なわれる妨害工作は、国民の士気を衰えさせると同時に、国の正常な活動を麻痺させることができる。

細心の注意を払い監視を強めても、そのすべてを発見することはできないが、国民が注意深く気を配り、疑わしいことがあったら躊躇することなく通報することは、この非常時においてきわめて重要なことである。表面を見ただけでは何でもないことが、発見の重要な糸口となることもあるのだ。とは言っても、スパイ恐怖症にかかったり、大胆な妨害行為によって挫折感に襲われたりしてはならない。冷静を保って敵の手にのらないことが大切である。

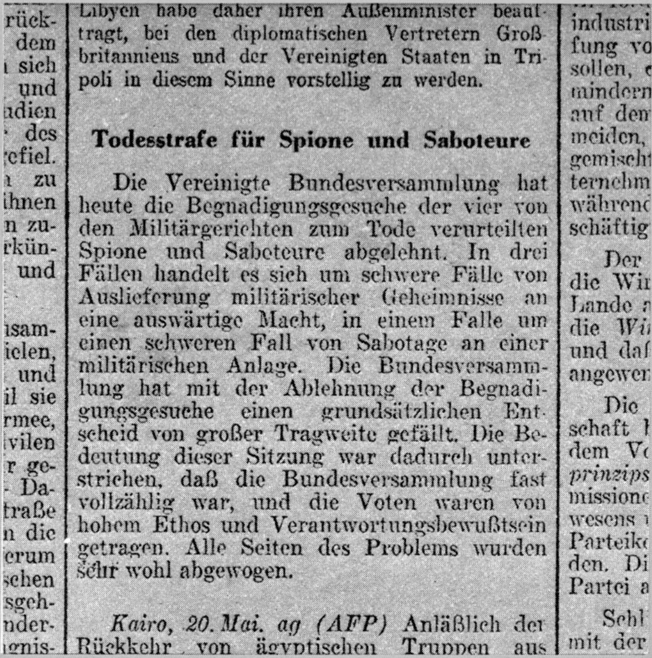
Libyen habe daher ihren Außenminister beauftragt, bei den diplomatischen Vertretern Großbritanniens und der Vereinigten Staaten in Tripoli in diesem Sinne vorstellig zu werden.

Todesstrafe für Spione und Saboteure

Die Vereinigte Bundesversammlung hat heute die Begnadigungsgesuche der vier von den Militärgerichten zum Tode verurteilten Spione und Saboteure abgelehnt. In drei Fällen handelt es sich um schwere Fälle von Auslieferung militärischer Geheimnisse an eine auswärtige Macht, in einem Falle um einen schweren Fall von Sabotage an einer militärischen Anlage. Die Bundesversammlung hat mit der Ablehnung der Begnadigungsgesuche einen grundsätzlichen Entscheid von großer Tragweite gefällt. Die Bedeutung dieser Sitzung war dadurch unterstrichen, daß die Bundesversammlung fast vollzählig war, und die Voten waren von hohem Ethos und Verantwortungsbewußtsein getragen. Alle Seiten des Problems wurden sehr wohl abgewogen.

Kairo, 20. Mai. ag (AFP) Anläßlich der Rückkehr von ägyptischen Truppen aus

〔上掲記事の訳〕　**スパイ・サボタージュ行為に死刑**

本日、連邦議会は、軍事法廷で死刑を宣告されたスパイと妨害工作者四人に対する特赦の請願を、拒否した。

四人のうち三人の場合は、外国勢力に対する軍事機密の漏洩という重大な犯罪であり、残りの一人の場合は、重要な軍事施設に対する妨害行為である。

連邦議会の決定は、スパイおよび妨害行為の抑圧をわれわれがいかに重要視しているかを示している。裏切者は容赦なく銃口の前に立たされるということを、われわれは心に言い聞かせよう。

平時のスイスには死刑制度はない。

しかし、戦時にはスイスの存立自体が問題となるのであるから、最も峻厳な処置がとられることは、やむを得ない。

わが国の中立を守るために部分的動員令が発せられたら、直ちに、連邦内閣の決定によって、軍事刑法については戦時法規が適用され、スパイや妨害行為によって国の安全を害し、兵士や民間人の生命を危うくする者は、すべて死刑に処せられる。

地方新聞の記事

昨夜、公民館の講堂で連絡会を開いた。

配給係長は、配給問題に関係のあるすべての人々を招集して、家庭用食糧の供給を暫定的に規制するカードの使用について、一般国民に周知徹底をはかった。それは、今後施行されるいろいろな措置についての個別的な質問が殺到することを避けるためである。

こうして、すべての家庭に対して詳細な指示が与えられたので、今後、各家庭は、カードの使用法が説明されていなかったという口実が使えなくなる。牛乳を優先し、その代りに肉の割当を減らした子供用のカードが近く採用されることも、その際、発表された。

衣類と靴についても特別なカードがつくられたことが注目される。

国際情勢がこのような規制手段をわれわれに強いる段階にまで悪化したことは、まことに悲しむべきことであるが、貧乏人も金持も同じように扱われるという事実は、われわれの心に一種の満足感を与えていることも否定できない。

今後は、物質的満足を得るためには、お金をたくさん持っているだけでは充分でなく、「クーポン」と「点数」も必要となるわけである。

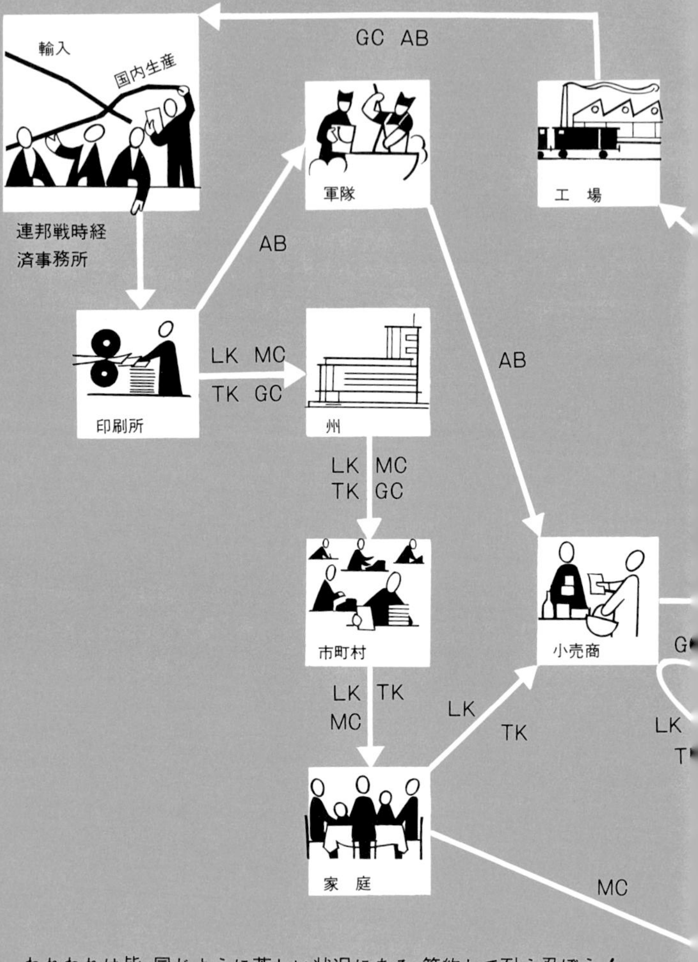

われわれは皆、同じように苦しい状況にある。節約して耐え忍ぼう！ 戦争は、いつまで続くかわからない。輸入品は、浪費すればすぐなくなってしまう。節約！ 節約！

規律を守れば持ちこたえられる。子供や病人、重労働者は、特別の配給量を受ける権利がある。

供給については、民間人と、軍隊と、民間防災組織について、同時に考慮する必要がある。したがって、衣類、靴、食料品、化学製品、紙、薬品、機械および器具などの生活必需品は、上に記したすべての関係者に充分供給されるように生産が調整される。そして、ぜいたく品の生産は中止される。それは、必需品の生産に貴重な時間を振り向けねばならないからである。

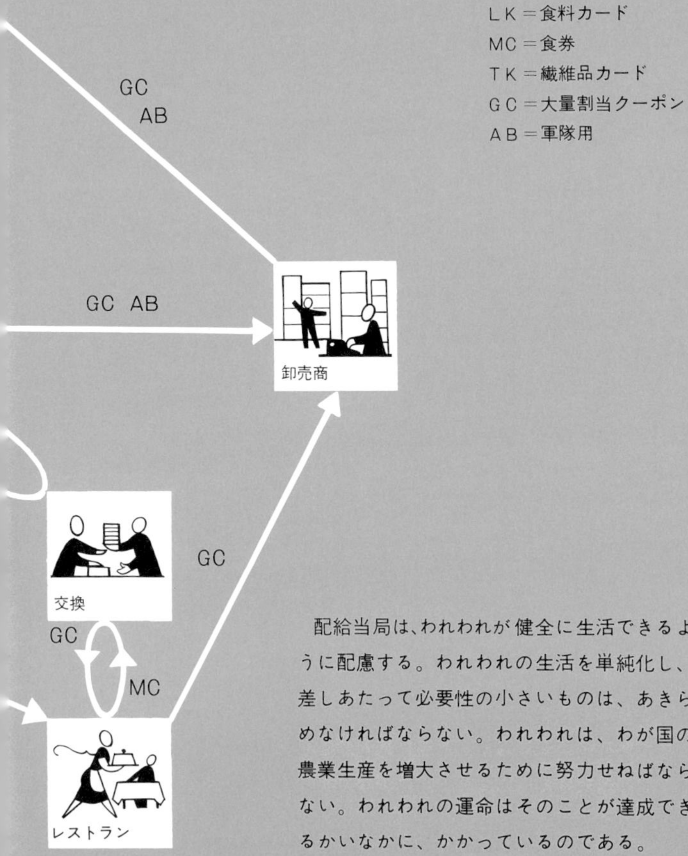

配給当局は、われわれが健全に生活できるように配慮する。われわれの生活を単純化し、差しあたって必要性の小さいものは、あきらめなければならない。われわれは、わが国の農業生産を増大させるために努力せねばならない。われわれの運命はそのことが達成できるかいなかに、かかっているのである。

事態の進展
国民はかく頑張っている

戦争はわれわれの周囲で一年以上も続いている。わが国境の周囲には危険がみちみちている。その危険から逃がれるためにわれわれは全力を尽くしているのである。わが国の経済情勢は逼迫している。一方では輸入がほとんど停止されており、他方、数十万という動員によって、国民生産には重圧がかかっている。しかし、国民は、食料も、寒さを防ぐ手段も持っている。

国民は頑張っている。

郵便は一日に一便しか来なくなった。小売店は家庭配達をしなくなった。しかし、不平を言う者は一人もいない。招待はほとんど行なわれなくなり、食事も質素なものになったが、健康状態は悪くない。

国民ば頑張っている。

電気を節約せねばならない。石炭のストックは急速に減っている。灯油タンクの目盛りは恐るべき低下を示している。部屋を暖めるストーブの薪は、くすぶっている。この冬はベッドも冷えて、寒い。

国民は頑張っている。

医者の話では、国民の健康状態は戦争前よりよくなっているとのことである。心筋梗塞が前よりも減っているのである。

結構なことだ！

鉄道輸送が窮屈になり、原材料の輸入は日一日と減っていくので、産業界の不安は強く、生産は絶対的必要品のみに制限されている。

兵役免除も休暇も、次第に少なくなってきているが、兵役解除計画は、経済的必要性を最大限に考慮した上で実施されている。これこそ当然の姿である。

国民は頑張っている。

わが国の農村は、よくやっている。人手不足による困難にもかかわらず、平時よりも多く生産している。これは、試練に直面して、わが国のとってきた農業政策が、いかに先見の明のあるものであったかが証明されて、今日、その成果をあげているのである。われわれの払った犠牲は充分に償われている。耕地は増大しており、豪華な庭園も、公園も、運動場も、今は小麦や菜種、じゃがいもなどを生産している。

児童生徒は、余暇に農業の手助けをしている。

国民は頑張っている。

社会の上から下まで連帯感で結ばれている。兵役を免除された農民は、隣人を助け、馬を貸し、動員された者に代って乳を搾っている。

軍隊も民間の仕事に手を貸し、乾し草をつくり、穀物や葡萄の収穫、種まきなどに協力している。

国民は頑張っている。

あらゆる分野で困難は倍加しているが、国民の連帯感を支える美しい情熱によって、国は頑張り続けることができる。頑張るということは、いつも朗らかであり続け、自分の周囲に信頼を与え、お互いに助け合い、隣人と試練を共にすることでもある。

試練の時ほど、同胞愛の価値が証明される時はない。わが国民が団結している限り、われわれは、何者もわれわれに打ち勝つことができないくらい強力である。

国民は頑張っている。

ヘスペリア軍は今朝、タビル市の「緑」政府に抵抗するパダニ国を救援するために降下した。

タラスク国元首は、サメ海上で大規模な原爆実験を行なう旨を発表した。これによりパダニ国および隣接国に強い放射性物質が降下することは避けがたいことになろう。

ポラリス通信の報道：
パダニ国各都市にビラが散布され、「政府を転覆させ、ヘスペリア軍の活動を防害せよ、そうすれば、原爆実験は中止されよう」と市民に呼びかけた。

原爆による隣国の脅迫

最初のニュース

今晩、タラスク国による強力な原子爆弾がサメ海上で爆発した。この海域は交戦国の領土と直接の関係がないので、何らの抗議も行なわれなかった。

国際機構は爆発を中止させるために介入したが、効果はなかった。

この「実験」の目的は、明らかに脅迫であり某大国の勢力の下に喜んでみずからを投じてこない国々に恐れを抱かせるためである。

ところが、その大国は、実際には人民を抑圧しながら、口では自由を擁護していると称しているのである。

この種の心理作戦についてわれわれ国民の注意を喚起することは、無益ではない。

彼らは言う。——“われわれの味方になれ。さもなければ、お前たちを破滅させるぞ。われわれにはその手段がある。”——

われわれは、おびえてはならない。

国民に告げる！

警報部隊は、刻々推移する事態を国民に発表する：今朝、サメ海上で強力な原子爆弾が爆発した。放射性物質は、14時過ぎにわが国に到達するだろう。しかし、今のところ、われわれは何ら危険にさらされていない。

水と食物を充分に貯えよ。

避難所用としてきめられている物資が、ちゃんとそろえてあるかどうかを調べよ。

次の指令に注意せよ。

国民に告げる！

警報機関の発表：

放射性物質の強さは警戒すべき程度になっている。やむを得ない場合以外は戸外に出てはいけない。もし戸外に出なければならぬときは、防毒マスクをつけ、手を覆うべきである。

次の指令に注意せよ。

広報車による警告：警戒！ 警戒！ 地域防災長を命令する。サメ海上における原子爆弾の爆発によって、わが国では時々刻々放射能が増加している。

テレビやラジオの放送に注意し、警報部隊の指令を厳格に守れ。各自は冷静を保つように！　以上。

国民に告げる！

放射能に警戒！　放射能に警戒！

放射能に警戒！

原子爆弾爆発の影響がわが国土に現われている。国民は避難所に入り、新しい指令があるまでそこにとどまるように！

警報下の町：

こうして、町は一種の死の静けさの中に沈んでいく。町は、まるで空っぽになったようだ。すべての戸は閉じられ、日よけは下げられ、商店はその窓をおろす。ときどき軍や民間防災関係の車が道を通るだけである。

住民は、避難所の中に隠れている。「こんなものは無用だ。何事も起こらないだろう」と言っていた人たちも、急いでかけ込んできた。彼らが間違っていたことを示す事態が今生じているのだ。

避難所内の生活は少しづつ組織化されてくる。婦人や子供の多くがこわがっているのは当然だが、少しづつ平静を取り戻すだろう。各人はラジオによって外部と接触を保っている。ラジオがこれほど高く評価され、ありがたく思われたことは、今までにないだろう。ラジオは、住民に対して、落ちつきを保たせ、事態の重要性を認識させる。

悪い日々もやがて終わる。

国民に告げる！

警報部隊の指令：

放射能が増加している。避難所の中は危険ではない。

次の指令を待て。

国民に告げる！

警報部隊の指令：

放射能は減り始めたが、その強度はまだ危険だ。緊急の必要がある場合、大人は防毒マスクをつけて15分間だけ避難所から出てもよい。

次の指令を待て。

国民に告げる！

警報部隊の指令：

放射能は著しく弱まってきた。国民は避難所を出て自宅へ戻ってよろしい。しかし、今から8時までは、やむを得ない場合のほかは家から出てはいけない。戸外へ出るときは、ガスマスクをつけるなど、みずからの身を守る措置をとれ。

新聞の抜萃：

最初の試練

このような、住民保護のためにとられた措置によって、われわれは、最初の試練を乗り切り、破滅から守られたが、この試練は、また、避難の体制が充分に整っていなかった所では、すべて大きな被害を受けたことをも明らかにした。避難所が不足していた所、あるいは、その設備が不充分だった所では、住民が放射能によってこうむった損害は相当重大の模様である。

かなりの量の食料品は、もはや食用に供するわけにいかない。収穫前の穀物は綿密に検査する必要がある。牛乳の補給は行なわれない。備蓄品に頼って生存しなければならない。たまり水は飲めない。

交通は少しづつ再開されている。

軍隊は重大な被害をこうむっていない。攻撃を受ける危険は全くなかったので、軍隊は、堡塁やトンネル、地下室、洞穴などに避難していることができた。

Soweit jetzt schon zu erkennen ist, hat die Schweiz die unerwartete Belastungsprobe ihrer Zivilschutzorganisationen gut bestanden. Immerhin gab es noch gewisse Volksteile, deren Schutzmaßnahmen ungenügend waren. Es sind bereits Meldungen über Strahlenschädigungen eingegangen. Infolge unzweckmäßiger Lagerung wurden leider auch gewisse Mengen von Lebensmitteln unbrauchbar. Wieweit die bevorstehende Ernte in Mitleidenschaft gezogen wurde, werden die sich im Gange befindenden Untersuchungen zeigen. Trotz der Abgabesperre für Frischmilch ist dank der getroffenen Maßnahmen wenigstens für die Kinder die Versorgung mit Milch und Milchprodukten in ausreichendem Maße sichergestellt. Die Erwachsenen sind weiterhin auf ihre Vorräte an Kondens- und Trockenmilch angewiesen. Stehendes Wasser in Weihern und Seen ist noch gefährlich. Der öffentliche Verkehr konnte gestern zum größten Teil wieder aufgenommen werden.

Aus der Armee sind keine namhaften Schädigungen gemeldet worden. Da während der Verstrahlung keine unmittelbare Angriffsgefahr bestand, konnten die Sicherungsaufgaben kleineren, vor allem gepanzerten Verbänden übergeben werden, während das Gros der Truppen in Unterständen, Kellern, Festungen, Tunnels und Kraftwerkstollen Schutz fand.

Luftangriff [redacted]

Aba, [redacted] *Personen* [redacted] wurden das [redacted] Angriffs, den die nigerianische Luftwaffe am Montag auf die biafranische Stadt Aba ausführte. Man befürchtet, daß noch weitere Todesopfer gemeldet werden.

wird, wurde ...
tonter Schonun...

der venez...

Caracas, 2... zolanische Reg... getreten, nach... kratisch-Repub... Koalition ausg... begann sofort ... Führern der ... tischen Aktion... Regierung. D... nach der offizi... tion zurück, ... Wahlallianzen ... rer der Union ... Präsidentschaf...

des kan...

Wa...

Ottawa, 25 ... dische Premi... Dienstag nach... mentes bekann... 25. ... Obschon B... tische Vertrete... mit als faktisc... York über die ... fügt, gilt es n... daß seine Riva... tion nicht wen... könnten. Als ...

国境で起きた事態

国境における警戒事態宣言。国境警備所の情報日誌から、その一部分をピックアップしてみると：

23時45分	1283地点（シュタインハウスの北部）で、25人の民間人が、6台の車でわが領土内に入った。
0時8分	監視者Pの報告によれば、国境外のあまり遠くない地点に空襲あり。3420地点に赤色の大きな閃光が見えた。
0時32分	2541人の難民が、X峠を経てわれわれの領土に入ることを許可された。
1時10分	外国機がわが国境上空を飛行中。わが機と対空火器が射撃。
1時25分	西湖地域において、疲れはてた85人のパダニ国兵が救助を求めた。われわれは彼らを武装解除した。
1時40分	1283地点（シュタインハウスの北部）で、パダニ国領内において激しい銃撃が行なわれた。緑シャツ党員は、逃亡しようとする民間人を追う。
2時15分	民間人避難者の中に5人のコレラ患者がいたとの報告あり。
2時22分	監視者Pの報告によれば、南西の方向に自動火器の発射音を聞いた。

3日後の新聞抜萃：武装解除された兵士2万5000人と、民間人4万人が、本日わが領土に収容された。

われわれは、これらの数字の裏にある各個人の苦悩を、ほんとうに想像できるだろうか。どのような恐ろしいドラマが、これらの不幸な人たちを逃亡に追いやったのだろうか。戦争は最も忌わしい災害である。戦争は、死の種をまき、火の流れの中にすべての人間の血を引きずり込む。恐怖が、追い詰められた人間の群を支配する。

恐怖が、人間から理性を奪う。

彼らは、もはや、自分を守ることしか考えていない。いかなる理由づけも、いかなる命令も、何ものも彼らを引きとめることはできない。彼らは、自分の生命を守るために、すべてを放棄する。

婦人、子供、老人、脱走兵、仕事場を去った大人たち。これらの、飢え、さまよう人たちの群を、集め、宿泊させ、食物を与え、衣服を着せ、時間をかけて丁寧に扱ってやる必要がある。この混乱に秩序をもたらす必要がある。これが地域防衛隊の仕事の一つである。

地域防衛隊は、次の命令を発する。

1. 一般国民は介入してはならない。これに介入することは、軍隊が行なっている組織的救援活動を麻痺させるだけである。
2. 市町村当局は、赤十字およびそれと類似する機関と連絡をとって、食料や衣服を入手する。

救助作業がうまく行ったら、避難民は、平時から準備されていた建物に集められ、続いて彼らは、収容所で生活するか、あるいは民間経済部門で働くことになる。

これらの人々の中には、いろいろの例があるが、その幾つかをあげると：

〔例1〕 シュテファン B.

パダニ国陸軍中尉。彼は、部下の兵27名とともに戦闘中に、スイスに入国し、武装を解除された。

ジュネーブ国際協定の規定によれば、敵から逃がれて中立国の領土に避難した兵士は、いかなる場合にも戦闘を再開してはならないことになっている。

彼らは、収容された軍人として、わが国では戦争捕虜として扱われるので、制服を着し、俸給を受け取り、また、赤十字の世話で家族と通信することができる。

彼らの属する国は、彼らを扶養するための費用を支払わなければならない。彼らは軍事的に監視される。

〔例2〕 フィリップ M.

パン屋、46歳。パダニ国軍予備役の某部隊所属。訓練中にわが国境に近い訓練場から脱走。

スイスは、このような人たちを受け入れて収容する義務はない。しかし、この脱走兵は、自国では死刑に処せられるだろうから、人道的理由によってわが国では保護される。

彼は、軍人被収容者としてではなく、脱走兵として扱われる。彼は、原則的には自由にわが国内を動きまわることができるが、治安上の考慮から、一般的には収容所に集めておかれる。その収容費用はスイスの負担である。

〔例3〕　ミカエル S.

技術者、38歳。タラスク正規軍少佐。味方を捨てて敵に走った。そして、彼の国が参加している同盟の同盟国軍隊によって捕虜にされた。彼は、判決を待っている間に収容所から逃亡して、スイスに入ることができたが、自国に帰ることを拒否している。

スイスは、このような場合、何らの義務も持たない。スイスは、逃亡した戦争捕虜に対して、元の国へ帰ることを許可することもできるし、彼に亡命の権利を与えることもできる。

彼がわが国に対して破壊的活動を行なっていることを証明する情報があったら、彼は、その選択する国境へ追い返される。

〔例4〕　エレオノラ C.

中立都市タビルの中産階級に属する男、56歳。彼にとって、彼の国の政治情勢が好ましいものでなかったので、彼は、強制収容所に入れられることを避けるため、さらには死から逃がれるため、スイスへ避難した。

このような民間避難民の場合も、スイスは、亡命の権利を与えるべき法的義務を何ら負うてはいないが、人道的理由から、スイスは、保護を要するほど迫害されている人々に対して、できるだけ広く国境を開放している。「庇護権」は単にスイスだけの伝統ではなく、政治的準則であり、それは、自由と独立に関するスイスの思想の表現である。われわれは、たとえ、それがわれわれに犠牲を求めることがあっても、生命が重大な危険にさらされているためスイスに避難を求める人たちを、わが国の安全と両立する範囲内において受け入れる。

政治的理由によって追われているエレオノラCは、スイスにとどまることを許可され、収容所に入ることを認められた。

ある記事からの抜粋：

“われわれは避難民に対して、いかに振るまうべきか”この問題について、昨夜、カジノの会場で興味ある講演が行なわれた。

講演者は、善意が常に有益であるとは限らないこと、理性は感傷主義に打ち勝たねばならないことを、例をあげて説明した。

第一に、非常に残念なことは、ある若い女性は、収容されている者のほんとうの身分を知らないでいながら、彼らに対して多くの個人的恩恵を与えるべきだと信じていることである。悲劇は、このような軽卒さから生ずるものだ。

慈善行為は、すべて、それ自体は賞讃に値いする。しかし、われわれが置かれている現状においては、われわれが面倒を見ているすべての人々の要求を満たすことができるように、慈善行為自体がよく組織されているわけではない。われわれは、われわれが提供できるすべてのものを、食料、衣類その他の必要品を、分配を担当している人を通じて提供しよう。これが、わが国に亡命を求めてきた不幸な人々を救う最も合理的な方法である。

これらの人々の中には、善い人もいれば、そうでない人もいる。したがって、この扱い方には注意を要する。また、彼らがさらけ出す人間的不完全さ、あるがままの姿に対して、いら立ってはいけない。われわれは彼らを選んだのではなく、あるがままの彼らを受け入れたのだから。彼らはわれわれと同じように人間である。最善を尽くして彼らを助けよう。これがわれわれのなすべきことである。

危険が差し迫っている

新聞の抜萃：

チューリッヒ

今朝、チューリッヒ市民は、シル湖のダムが爆破されたとの報道によって、恐慌状態に襲われた。この事故は破壊活動によるものらしい。
この情報は、やがて否定されたが、地域防衛隊と警察は、あらゆる手段で数千の住民が自宅を離れないようにせねばならない。

点滅する怪しい火

毎夜、ケーリッヒベルクの高地の上で、正体不明の光の信号が見える。住民は神経を尖がらせ、軍隊は、昼も夜も、指定された地域をパトロールしている。

新しい破壊活動

わが軍事施設の中にある飛行機格納庫に、破壊工作者が侵入、２機を一時的に使用不可能にした。逮捕された彼らは、スイスの軍服を着ていた。警察は、捜査の結果、外国製の軍服30着、自動火器、手投弾を押収した。

わが国は攻撃されるか

タラスク国の偵察機一機が、隣国のわが国境から遠くない地点に着陸したらしい。入手した書類の中に詳細なスイスの地図があった由。これによって、われわれは、スイスが攻撃されようとしていると結論すべきであろうか。

警戒を倍加せよ

わが国を取り巻く情勢は、日一日と重大になっていく。戦争は長引いている。わが国境を侵犯することによって決着をつけようとしているのだろうか。

われわれの所に双方から入ってくる情報は、次第に警戒を要するものになっている。われわれは、もはや紛争から免れることは困難である。わが国内においても、悪意ある宣伝が強化されている。その源を突きとめることは、できることもあれば、できないこともある。しかし、わが新聞は、全体として、警戒を怠っておらず、その受信するニュースを注意深く選び抜き分類している。

総動員が発令されて以来、出版検閲については平時と違った規定が適用されていて、ある種の意図を持った新聞の発行した数日分は、押収された。それには疑惑を招くような記事が掲載されていたのである。わが国民に知らされるニュースは客観的なものでなければならない。

警察は、ベロミュンスター近くの農村で、一人のタラスク国スパイを逮捕し、連邦内閣と軍総司令官の声明の入った録音テープを押収した。その声明は、古い演説の録音をいろいろ組み合わせて偽造されていたのである。時機が来たら、この録音テープによって、嘘の降伏声明が電波に乗って流されたに違いない。

11月9日の昼、連邦内閣の閣僚は、軍の総司令官および参謀総長と会見した結果、わが軍の全部隊が召集されることに決定した。

戦時経済に関する措置が強化されていったが、そのとき、一部の新聞が、その仕事の責任者であった高級官僚を中傷するキャンペインを開始した。その高級官僚は、有事の際の食料補給に関する協定を締結するため、少し前、連邦内閣によって海外に派遣されていたのである。

このキャンペインの目的は、国民の抵抗精神を弱めるため、内閣の閣僚の結束について疑惑を生じさせることにあるようで、これは疑いもなく第五列の作戦であるが、不幸にして、幾つかの新聞の編集局長が、まんまと、これに引っかかってしまった。

全戦闘部隊の召集と関連して、連邦内閣は、国境地帯にある幾つかの町の住民を移動させることに決定した。婦女子、老人、病人、負傷者は、最初の戦闘の被害をうけない地方に移された。

これらの措置がわれわれの間に恐慌を引き起こすことのないように祈る。

彼らの生命身体に対する事故を防止するためにすべての措置を講ずることは、人命を預かっている人たちの義務である。

これらは予防措置なのだ。情勢は確かに重大で、それを否定することは誤まりであろうが、だからといって、われわれにのしかかっている脅威を誇張することは、もう一つの誤まりである。

第1の場合
わが中立の防衛

多国間に戦争が発生した場合、交戦国の一方が、自国の形勢を有利にするため、敵に対する作戦通路としてスイス領土を使用することがあり得る。

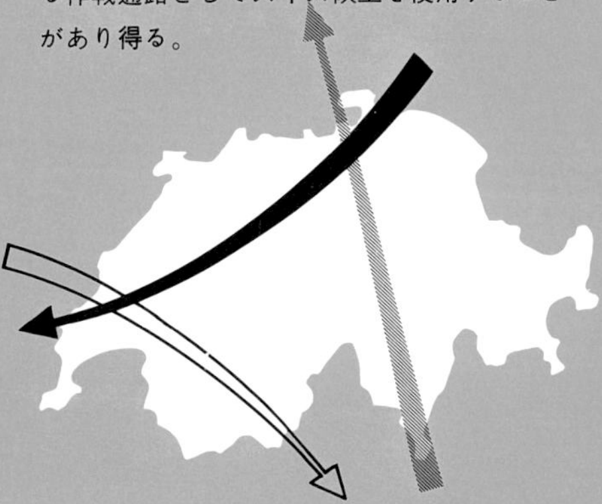

われわれは、侵略者の作戦の第一条件は「迅速」ということだということを知るべきである。だから、もし、われわれが数日持ちこたえることができたら、敵の作戦は失敗に帰するだろう。

われわれは、決然として最初の危機を乗り切るべきである。最初の3日か4日が決定的である。

われわれは、道路、鉄道網、トンネルなどを破壊することによって、敵の侵略を持ちこたえるべきである。われわれは、わが国を、侵略者にとって通過不可能にしなければならぬ。

第2の場合
われわれの自由
と独立の防衛

敵は、わが領土を、最終的にその勢力範囲に併合しようと試みている。

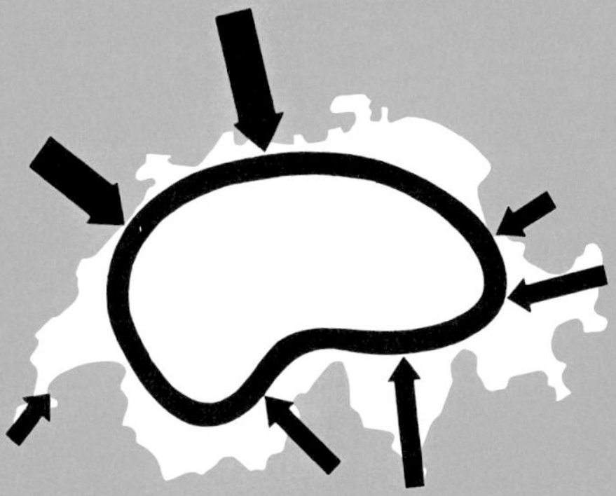

敵は、この征服併合が高くつくということがわかれば、退却するに違いない。

われわれは、工場、道路、鉄道、飛行場などを破壊することによって、敵の意図を砕くことができる。

わが領土の難攻不落の地帯をできるだけ持ちこたえることが、われわれのなすべきことである。

トルニオ発：

パダニ国内は混乱の極に達した。

政府は今朝総辞職、前緑シャツ党総統・トラストロ将軍が権力を奪取した。

ＭＩＰＡ総司令部の伝えるところによれば、クリンゲンブルク市ほかシルバニア国の６都市が、午前４時、通常兵器による大攻撃を受けた。タラスク国戦車隊は空挺部隊の支援のもとに、国境の河を渡河した。

トルニオ発：

緑シャツ党員以外にタラスク国正規軍が、パダニ国の戦場に姿を現わした。

タラスク国機械化部隊は、電撃的に、両陣営の緩衝地帯であるスイスの国境に向けて殺到した。これにより、スイスの地位は極めて危機に瀕することになろう。

戦　争

爆撃！
民間防災組織は活動を始める。
すべての地方を要塞とするよう準備せよ。
規律を守れ。
戦時国際法の適用を主張する。
強い抵抗の意志を持て。
宣伝のワナにかからぬよう注意せよ。
最初の衝撃に抵抗することが最も大切である。戦え！
やがては勝つ。

遅かれ早かれ、われわれが巻き込まれるこの戦争について想像してみよう。

戦争は、残虐、破壊、死、そして火によって、そのすべての重圧をわれわれに加えてくるだろう。その強さ、残忍さは、筆舌に尽くせない。

それは、われわれを容赦なく踏みにじるだろう。戦争は、嵐が草木を打ちのめすように、われわれを打ちのめすだろう。

持ちこたえなければならないのは軍隊だけではない。全国民は、軍隊の背後で抵抗しなければならない。軍隊は、その背後に国民の不屈の決意があることを感じたとき、初めてその任務を完全に遂行できるのだ。

奇　襲

地方新聞から抜萃：

午前6時ちょうどに、最初のロケット弾が町に落ち、猛烈な爆発を伴って、22分間にわたって約800発が続いて爆発した。これによって町の中心部がほとんど完全に破壊され、工業地帯、駅、水力発電所も徹底的にやられた。

敵は、町を占領するつもりらしく、原爆は使わなかった。彼らは自分自身のために放射能を恐れているのだ。

人命の損失は、さほど大きくないようだ。警報がうまく伝達されたので、住民は避難所へ入ることができ、幾千という人命が救われた。

しかしながら、物質的被害は大きく、大部分の区域では、ガスも、電気も、水道もとまった。爆風と火から免れた家は、ススとホコリが一ぱいになったが、民間防災組織が大活躍をして、火事を消し、負傷者に繃帯を巻き、建物の残がいの下敷きになった不幸な人々を助け出した。民間防災組織は、対空防衛隊の助けを得て、災害と戦ったのである。

町の印刷所は大きな被害を受けたが、われわれは、各印刷所の協力によってこの新聞を発行する。何故ならば、すべての人がこの町で何が起こったかを知りたいはずだからである。今日は、ただ、読者に最悪の事態はすぎたのであり、頑張る必要があるとだけいいたい。

持ちこたえよ

この奇襲は、町のすべての防衛手段を麻痺させせようとしたものであるが、軍の指揮官は、不意打ちされるままにはなっていなかった。その日の夜から、彼らは町を——その半分は破壊されたが——要塞につくりかえ始めた。

予想される侵入路の要所々々の防衛を強化するために夜通し働いた。1時間1時間ごとに、これらの廃墟は難攻不落の拠点に変わっていく。無防備の道路には地雷が仕かけられ、対戦車砲は偽装されて、うまく隠された。有刺鉄線の網が至る所に張りめぐらされた。

これらの準備が暗闇の中で夜中じゅう行なわれ、住民は、やがてやってくる第2の試練を避難所の中で待っている。

防衛態勢に入った市町村のうちで、軍隊が戦闘に備えて駐屯している地域は、現在、軍の指揮下に入っている。作戦地域の軍の指揮官は、軍隊と民間防災組織との間の協力がうまくいくように努める。

地域防災長は、軍の対空防衛隊の指揮官と協力して、新しい措置を決定した。住民は戦闘地域から立ち退く。防衛に直接関係のない人は、できれば戦場外の安全な地域に集められる。民間防災組織は糧食の補給に従事する。

敵は国境地帯にあるわが領土の幾つかの地域を占領した。敵は巧妙な手段を用いて、あちこちでわが第一線を越えたが、わが防衛体制全体を大きな危険に陥れてはいない。重要な地域においては、わが軍は敵の激しい攻撃を押し返した。

規　律

突然の激しい攻撃によって、国民のモラルは一時ぐらついたが、今、それは回復した。新聞とラジオは、客観的に情報を伝えている。連邦政府はその所在地を移転した。ベルンは、敵の爆撃に対してあまりにも都合のよい標的を提供しているからである。

国の中心部に新たに設置された事務所から、スイス大統領は国民に対して、そのとるべき行動を指示し、国民の勇気に訴え、嘘の情報に対して警戒するように呼びかけている。降伏宣言は敵が謀略で流す以外にはあり得ない。

連邦内閣と軍の総司令官は、われわれの徹底的抵抗の意志を確認している。これと矛盾することは、すべて外国からの宣伝行為であり、インチキであり、ワナである。

各人がそれを知り、各人が最高の犠牲に備えなければならない。

わが軍は有効に戦っている。戦闘地域における行政機関と軍との協調関係は完全である。

国民は避難所を離れない。戦闘地域においては、軍の指揮官が国民に対して、いかに行動すべきかを命令する。行政機関は、発令される措置の実施に責任を持ち、これに関連する命令を下す。

戦時国際法

戦争そのものは、戦時国際法によって規制される。

1. 戦時国際法は、軍服を着用し、訓練され、かつ、上官の指揮下にある戦闘員のみに対して適用される。

2. 民間人および民間防災組織に属するすべての者は、軍事作戦を行なってはならない。孤立した行動は何の役にも立たない。それは無用の報復を招くだけである。

3. 軍隊または民間防災組織に編入されていない者で国の防衛に参加協力することを希望する者は、地区の司令官に申し出なければならない。彼は軍服あるいは少なくとも赤地に白十字の腕章を着けることになる。

4. 住民は、捕虜に対して敵意を示す行為を決して行なってはならない。いかなる立場の下でも、負傷者および病人は、たとえ敵であっても助けねばならない。

これに反して、スパイ、平服またはにせの軍服を着用した破壊工作者、裏切者は、摘発され、軍法会議に引き渡される。彼らは、戦時国際法に従って軍事法廷で裁かれるであろう。

5、軍事施設、橋、道路、鉄道線路の破壊、産業施設を使用不能にすること、食糧の備蓄を中断すること、これらは、すべて軍命令によってのみ行なうことができる。自分の判断でこのような行為を行ない、あるいは行なおうとすることは、非合法な行為である。

6. すべてのスイス人は、男も女も、軍に属しているといなとを問わず、その身体、生命、名誉が危険にさらされるときは、正当防衛の権利を有する。何人もこの権利を侵すことはできない。

最後まで頑張る

われわれは、数と装備の劣勢を、固い防衛の決意で補おう。いかなる裏切行為も許されない。また、耐え切れないから降伏してしまおうというような気持も断固抑えねばならない。

住民と軍隊は、破壊されたこの町を要塞にしようとして働いているが、その努力の中に彼らの固い決意を見て取ることができる。すべての人たちが、敵が乗りこえることのできない障害物を構築するために、一つの地域の要塞化を進めている。廃墟そのものも防衛に利用できるのだ。

爆撃に抵抗するために、できるだけ地下深く潜ろう。

時期が来れば、われわれは、穴から出て侵略者を攻撃する。民間防災組織は、その任務に従って全面的防衛に参加する。

謀略放送を警戒せよ

砲撃は真夜中に再開された。ロケットの飛ぶ音を聞いて、人々は避難所に入った。

弾着のにぶい音がして、夜の空気が震動する。家々が崩れ落ちる。

砲撃は数時間続く。日が昇ろうとしている。各人はラジオを通じて与えられる指示を待っている。ラジオは国営放送の周波数に合わされている。

ラジオが放送を始めた。

国民に告げる：

わが軍司令官は、敵の司令官から、攻撃を4時間中断するとの約束を取りつけた。この時間を利用して、各人は直ちに避難所を出、あらゆる手段によって内陸部へ、アルプスの方向へ行くように。

このような状況のもとで、この地獄から脱出することができるだろうか。

その上、われわれはこの放送の声を聞いたことがない。この命令が何と不明瞭なことだろう。よく考えてみると、おかしいことが多い。この命令は、われわれが今まで聞いてきた命令と違うようだ。

この命令に従えば、われわれは避難の混乱の中で敵の爆撃によりばらばらにされかねない。

また、わが軍に対する侵入軍の盾として使われかねない。気をつけよう!!

国民に告げる：

われわれを滅亡させようとしている者に乗ぜられないように。

これらの情報はにせものである。放送が妨害されたとき、知らない声で話しかけてきたときは、警戒しよう。

わがアナウンサーの声は、今の放送の周波数のすぐ隣りで聞けるのだ。

警戒しよう。われわれの放送のみを聞くべきである。

戦いか、死か

夜間の激しい砲撃は、夜明けの攻撃の前ぶれである。敵は何が何でも突破しようとして、わが防衛線にぶつかってくる：わが軍の大砲に、戦車に、地雷に、対戦車火器に、歩兵に、空軍に──わが破壊力に………。

住民は、避難所内で、どうすることもできずに、砲弾、爆弾の轟音、手投弾のパッと光る炎、機関銃のカタカタと鳴る音によってそれとわかるだけのこの戦闘が身近に行なわれていることを知るのみだ。地獄のざわめきが、地の底深くしみ入る。

ああ！　あちこちで避難所は直撃弾の下に崩れていく。ある地下室は全滅した。

これが戦争の現実だ。生きようと思えば戦わなくてはならない。

民間防災組織もまた、火災、洪水、窒息の危険に対して着実に闘っている。

民間防災組織と軍の対空防災隊は、至る所で活動している。衛生班は休むことなく働いている。戦いは最高潮に達しようとしている。戦争は筆舌に尽くしがたい恐怖である。そのことを知り、そして、それに備えなければならぬ。

われわれが軍事的な試練を避けられるよう期待したい。近代の破壊的戦争は、それを開始した者にも被害を与えずにおかない。だから、われわれの敵が別の手段を選ぼうとすることもあり得るのだ。

戦争のもう一つの様相

裏切り

敗北主義と平和主義

愛情をよそおう宣伝

威嚇による宣伝

経済戦争

スパイ行為

破壊活動

政治機能の解体

テロ

クーデター、外国の介入

戦争のもう一つの様相は、それが目に見えないものであり、偽装されているものであるだけに、いっそう危険である。また、それは国外から来るようには見えない。カムフラージュされて、さまざまの姿で、こっそりと国の中に忍び込んでくるのである。そして、われわれのあらゆる制度、あらゆる生活様式をひっくり返そうとする。

このやり方は、最初はだれにも不安を起こさせないように、注意深く前進してくる。その勝利は血なまぐさくはない。そして、多くの場合、暴力を用いないで目的を達する。これに対しても、また、しっかりと身を守ることが必要である。

われわれは絶えず警戒を怠ってはならない。この方法による戦争に勝つ道は、武器や軍隊の力によってではなく、われわれの道徳的な力、抵抗の意志によるほかない。

敵は同調者を求めている

ヨーロッパ征服を夢みる、ある国家の元首が、小さなスイスを武器で従わせるのは無駄だと判断することは、だれにも納得できる話である。単なる宣伝の力だけでスイスをいわゆる「新秩序」の下に置くことができると思われるときに、少しばかりの成果をあげるために軍隊を動かしてみたところで、何の役に立つだろうか。

国を内部から崩壊させるための活動は、スパイと新秩序のイデオロギーを信奉する者の秘密地下組織をつくることから始まる。この地下組織は、最も活動的で、かつ、危険なメンバーを、国の政治上層部に潜り込ませようとするのである。彼らの餌食となって利用される「革新者」や「進歩主義者」なるものは、新しいものを待つ構えだけはあるが社会生活の具体的問題の解決には不慣れな知識階級の中から、目をつけられて引き入れられることが、よくあるものだということを忘れてはならない。

数多くの組織が、巧みに偽装して、社会的進歩とか、正義、すべての人人の福祉の追求、平和というような口実のもとに、いわゆる「新秩序」の思想を少しずつ宣伝していく。この「新秩序」は、すべての社会的不平等に終止符を打つとか、世界を地上の楽園に変えるとか、文化的な仕事を重んじるとか、知識階級の耳に入りやすい美辞麗句を用いて……。

不満な者、欺かれた者、弱い者、理解されない者、落伍した者、こういう人たちは、すべて、このような美しいことばが気に入るに違いない。ジャーナリスト、作家、教授たちを引き入れることは、秘密組織にとって重要なことである。彼らの言動は、せっかちに黄金時代を夢みる青年たちに対して、特に効果的であり、影響力が強いから。

また、これらのインテリたちは、ほんとうに非合法な激しい活動はすべて避けるから、ますます多くの同調者を引きつけるに違いない。彼らの活動は、“表現の自由”の名のもとに行なわれるのだ。

眼を開いて真実を見よう

社会進歩党の機関新聞の記事：

昨夜、カジノの大広間で、社会進歩と平和の擁護を目ざすわが党が結成された。“悲惨に対する闘い”は、まだほとんど成果をあげていない。心ある人々は、このような高潔な任務に献身することを、自己の義務としてみずからに課するであろう。

列席者の中には、第一線で活躍している人々の顔が数多く見えた。

この集会における大きな収穫と言えるのは、X教授から、多くの若者たちが有益な報告を聞くことができたことである。その報告においてX教授は、退嬰主義のレッテルを張られ、最も反動的な資本主義の不正義と結びついたわが国の伝統的政治と、たもとを分かつ必要性がある旨を述べて、若者たちを納得させた。

他のもう一つの新聞記事：

昨夜、X教授の報告をカジノで聞いた。この報告は、世界平和のための闘いと社会進歩を目ざす、ある新しい政治団体への参加を呼びかける集会でなされたものである。事実、この2つの目的は、心ある人すべての関心を引くものであって、その限りにおいては、われわれも賛成である。しかしながら、その目的の裏には、理想主義的活動の名のもとに、偽装された「新秩序」の宣伝が隠されていることが明らかだ。

これは、わが国の国家制度を内部から崩し、新しい政治体制の樹立を目標とする企てであるが、彼らの唱える政治体制が樹立された国では、どこでもあらゆる形の自由がなくなり、新特権階級が生れ、また、世界の平和を絶えず危うくする。

いつになったらわが国にいる「新秩序」を信奉する者は、彼らが説く教えと、彼らがわが国に導入しようとするイデオロギーが具体的に実現したこととの間に、深い溝が存在していることを、理解するのだろうか。

敵は同調者を求めている

わが党の結成は、大した評価はうけなかったが、これはわれわれに有利であった。事実、わが党結成の重要性は、最初の参加者の数が限られていたという面からのみ評価された。このような単純な考え方は、われわれの目的に役立つものである。

われわれは、われわれの目的に賛成する幾人かの知識人を仲間に引き入れることができた。その中の一人であるX教授は、国家的名声を持ち、われわれの活動が都合よく運ぶのに役立つ権威を持っている学者である。

全体として、この国の国民は、福祉政策によって眠らされており、彼らの伝統的制度が、他のあらゆる形の体制に優越するものであることを確信しているので、われわれが恐れていたような反応は全くない。われわれの組織は順調に活動している。

われわれは、新党の党首にJ氏を据えた。彼は頭脳明晰、かつ、活動家であるが、野心に取りつかれ、非常に金を欲しがっている。彼の属していた保守党は、彼に微かな希望しか与えなかったので、じっと控室で自分の出番を待つ代りに、彼はついに性急な道を選んだのだ。彼は、仲間からは決定的に排斥されてしまったので、今や、成功するためならどんなことでもするだろう。それ故、われわれの活動は順調に進んでいる。

社会進歩党は国を裏切るだろうか

社会進歩党は、その活動を禁じられてはいない。われわれの民主主義が、禁ずることを欲しないのである。思想の自由、結社の自由は、わが憲法によって認められている。全体主義国にはこのような寛容さは全然ない。全体主義国は、知識人、学者、芸術家を監視し、必要に応じて刑務所に入れる。いずれにしろ、公けのイデオロギーに反する思想は一切発表させないのだ。

われわれには同じやり方はできない。ただ、いわゆる“自由”と呼ばれるものが、いつ、国を裏切る端緒となるかを知る必要がある。“自由”には、そのおそれがある。

われわれの国家と制度に対する客観的批判は必要である。その批判によっていろいろな改革がもたらされ、公共の福祉を重んずるわが国の制度が改善されるから。しかし、それが必要だとしても、その批判が組織的な中傷になれば、忌わしい結果を招き、また、われわれの防衛潜在力を弱めることにもなりかねないのである。

民主的自由の伝統に反するイデオロギーをわが国に導入しようとする者は、国の利益に反する行動をしているのだ。

しかしながら、今のところ社会進歩党は、疑わしくはあるが、決定的な反国家的活動の証拠を見せているわけではない。

外国の宣伝の力

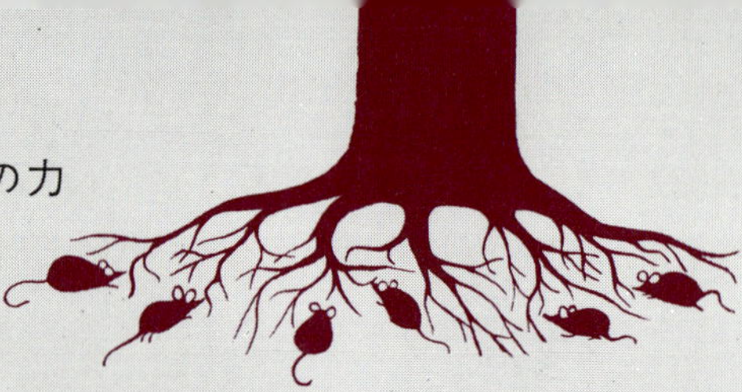

国民をして戦うことをあきらめさせれば、その抵抗を打ち破ることができる。

軍は、飛行機、装甲車、訓練された軍隊を持っているが、こんなものはすべて役に立たないということを、一国の国民に納得させることができれば、火器の試練を経ることなくしてうち破ることができる……。

このことは、巧妙な宣伝の結果、可能となるのである。

敗北主義――それは猫なで声で最も崇高な感情に訴える。――諸民族の間の協力、世界平和への献身、愛のある秩序の確立、相互扶助――戦争、破壊、殺戮の恐怖……。

そしてその結論は、時代おくれの軍事防衛は放棄しよう、ということになる。

新聞は、崇高な人道的感情によって勇気づけられた記事を書き立てる。

学校は、諸民族との間の友情の重んずべきことを教える。

教会は、福音書の慈愛を説く。

この宣伝は、最も尊ぶべき心の動きをも利用して、最も陰険な意図のために役立たせる。

不意を打たれぬようにしよう

このような敵の欺瞞行為をあばく必要がある。

スイスは、征服の野心をいささかも抱いていない。何国をも攻撃しようとは思っていない。望んでいるのは、平和である。

しかしながら、世界の現状では、平和を守り続けるためには、また、他に対する奉仕をしながら現在の状態を維持するためには、軍隊によって自国の安全を確保するほかないと、スイスは信ずる。

近代兵器を備えた大国に立ち向かうことはわれわれにはできないという人々に対して、われわれは、こう答えよう。——経験は、その逆を証明している、と。

今日では、一つの動乱が、多数の国を巻き添えにすることは決定的である。それ故、われわれは、単独で攻撃の重圧に耐えねばならぬこともないだろうし、攻撃者は、その兵力の一部分しかわれわれに向けられないだろう。そして、このような部分的な兵力に対してならば、われわれは、対等の兵力で反撃することができる。

また、技術の進歩によって、地上では軍隊をまばらに展開することが必要となったが、このことは、われわれにとって有利な条件である。われわれの防衛は、これによってきわめて容易になった。

潜在的な敵はわれわれに武器を捨てさせるためには、わが国を征服する必要度に比してケタはずれに大量の武力を浪費する必要があることを知っている……。

第一次大戦において、また、第二次大戦において、われわれが攻撃を免れたのは、偶然によるものではない。この幸い、それは、みずからを守ろうというわれわれの不屈の意志と、わが軍隊の効果的な準備とによるものである。

また、1939年～40年におけるフィンランドの例や、1956年や67年におけるイスラエルの例も、われわれの考えが正しいことを証明している。これらみずからを守った小国は、その国家的存在を保つことができたのである。

敵はわれわれの抵抗意志を挫こうとする

そして美しい仮面をかぶった誘惑のことばを並べる：

核武装反対

それはスイスにふさわしくない。

農民たち！

装甲車を諸君の土地に入れさせるな。

軍事費削減のための

イニシアティブを

これらに要する巨額の金を、
すべてわれわれは、
大衆のための家を建てるために、
各人に休暇を与えるために、
未亡人、孤児および不具者の年金を上げるために、
労働時間を減らすために、
税金を安くするために、
使わなければならない。
よりよき未来に賛成！

（平和擁護のためのグループ結成の会）

平和、平和を！

平和のためのキリスト教者たちの大会

汝　殺すなかれ

婦人たちは、とりわけ、戦争に反対する運動を行なわなければならない。

警戒しよう

世界とともに平和に生きることを欲しないスイス人があろうか。戦争を非としないスイス人がいるだろうか。われわれが軍隊を国境に置いているのは、他の国がわれわれを平和に生きさせておいてくれるためである。

人類の幸福は、われわれにとって重要なことだ。われわれは力の及ぶ限りそれに貢献している。たとえば赤十字の活動、開発途上国に対する援助、戦争状態にある国の利益代表など。ところが、現実はこのとおりである。

それを知らないとしたら、われわれは、お人好しであり、軽率だということになるだろう。われわれを取り囲む国々が武装し続ける限り、われわれは国家の防衛を怠ることはできない。

ヨーロッパで対立する交戦国によるスイス攻撃の可能性を、われわれは、最近の二つの大戦の経験にかんがみて、よく考えなくてはならない。

潜在的な敵を仮定――その宣伝文句に基づいて判断することは、たとえその宣伝文の中に、聖書の文句が引用されていようとも、できないことだ。われわれは、にせ平和主義者たちが、武装するのをやめないでいることを確認している。われわれの信念は誠実なものである。われわれは、だれ一人殺そうとするつもりはないが、ただ正当防衛を確保しなければならぬ。

われわれが武器を使用せざるをえないようなことがないように！ われわれは、これ以上に真摯な願いを持たない。

敵は意外なやり方で攻めてくる

ある国家元首の「政治的告白」と題する著書から：

《われわれは、勝利に到達するまでわが道を倦むことなく歩み続ける。われわれは敵を憎む。彼らを容赦なく滅ぼそう。武器による戦いに比べ費用のかからぬやり方で、敵を滅ぼすことができるのだ。「魅力」で魅きつける宣伝は、われわれの手の中にある効果的な武器だ。われわれは、われわれの意図するところを、美しい装飾で包み隠さなくてはならない。文化は立派な隠れみのに利用できる。

音楽、芸術、旅行などの口実で、仲間をつくろう。展覧会とスポーツの祭典を組織し、利用しよう。わが国に旅行者を引き寄せ、彼らにわれわれの優越性を納得させよう。これらの「文化交流」は、事実は一方通行としなければならぬ。わが国に、われわれの教養や生活様式にとって好ましくない退廃的思想、新聞、書籍、映画、ラジオ放送、テレビ放送の、どのようなものも入れさせないようにしよう。

科学の面では、できるだけ多く受け取り、少なく与えるようにしよう。彼らは愚かで退廃的だから、われわれの企てのなすがままになるだろう。われわれが彼らに与えるフリをすれば、いい気持になってしまうだろう。彼らは、われわれの政治的思想は信じまいとするが、だんだんそれに侵されていくだろう。このようにして、われわれは、彼らの心をとらえていく。彼らはワナに陥り、われわれは、彼らの首に彼らを締めつける輪をかけるのだ……。》

自由と責任

民主主義は個人の意見を尊重する。これが民主主義の最も大きい長所の一つである。

民主主義国家では、個人の私的な言行にまで介入することはない。報道、ラジオ、テレビは自由である。各人は、平時には少しの困難もなく外国へ行くことができる。各人は、自己の気に入った政党を選ぶことができる。"自由"が空虚なことばでない国、自由の内容がちゃんと充実している国では、このようになっている。

しかし、国家は共同社会を守らなくてはならない。そのため、国家は、特にスパイ行為と戦う義務を持つ。スイスには思想に関する罪というものはないが、しかし、われわれの防衛力を弱めようとする連中は、監視しなければならない。内部から国を崩壊させようとする作業が、公共精神を麻痺させる者によって企てられる可能性が常にある。

自由はよい。だからといって、無秩序はいけない。

故に、国家的独立の意志をなくしてわれわれを弱体化させようとするイデオロギーに対して、人々の注意を喚起する必要がある。教育者、政党、組合、愛国的グループなど、世論に影響を及ぼす立場にある人々は、すべて、みずからの責任を絶えず自覚しなければならない。

敵はわれわれを眠らそうとする

ある国家元首の演説から：

《…われわれが持っている望みは、たった一つ。すべての人と平和的に暮らし、人類の幸せのために協力することである。
それは、わが国民すべてが胸に抱いているものである。

このために、われわれは日々経済力をつけているのだ。わが国民一人一人が、やがて、自分の家と、テレビ・セットと、自動車を持つようになるだろう。

われわれは、すべての国と、商業的かつ文化的関係をつくり上げたい。貧しい人々の生活水準を向上させるのを援助しよう。彼らに進歩への道を示してやろう。

われわれは、ある国々が、すべての軍事的競争をやめる必要があることを、いまだに理解しないのを残念に思っている。これらの国々が、われわれの例にならって、世界平和の確保のために彼らが努力することを、切に望むものである。》

われわれは眠ってはいない

われわれは、この外国元首の演説を聞いた。彼は、われわれに対する善意を保証する旨を述べている。しかし、われわれは、また、彼の著書、すなわち「政治的告白」をも読んでいる。

われわれは、そのときから、彼のこのような宣言をどのように評価しなくてはならないかを知っている。

また、われわれは、全体主義大国の戦争準備のために衛星国に要求される役割を知っている。これら衛星国は、「保護者」のために血を流さねばならず、「保護者」と称する大国は、衛星国を飢えさせ、衛星国の最も優れた肉体的・知的労働者を奪い取ってしまうのだ。

衛星国は、自分たちに関係のない勝利を大国に得させるために奴隷のように働いた上、彼ら自身が持っているものをすべて剝ぎ取られてしまうだろう。

この強制労働の上に、さらに、あらゆる種類の屈辱が加わるだろう。彼らは召使のように取り扱われ、自由世界の破壊に参加しなくてはならないだろう。われわれが衛星国を解放しようとすれば、その試みは、すべて容赦なく押しつぶされてしまうだろう。そして、避難する場所を求めて世界中をさ迷っている無国籍者と、悲惨な運命を共にしつつ逃走を試みることしか、残された道はないだろう。

若者たちは、準軍隊的の組織に組み入れられて、専制者の野望のために容赦なく犠牲にされることだろう。

スポーツも宣伝の道具

ある全体主義国のスポーツ責任者は、次のように訓示した。

1．われわれは、わが国のスポーツマンに対して、わが国旗を守るべきすべての国で、すべての競技に勝つことを求める。
われわれの勝利は、わが政治体制の優越性を証明するに違いない。

2．各スポーツマンは、自己の言行について、わが国民およびわが党に対して責任がある。

3．選手権保持者は、自由な言動をすることはできない。彼は、全人生を勝利の準備に捧げなくてはならない。

4．国際試合に対しては、イデオロギーの点で堅固な者のみを選ぶ。

5．わが代表団は、厳格な規律を持つという印象を各地で与えなければならない。また、代表団は、他国代表とどのような個人的接触をも持ってはならない。

6．オリンピックに選ばれた学生は、2倍の給費を受け、また、試験を免除される。

7．金メダルを得た者は、年金および特権とともに、第2級の勲章を受ける。

8．成果をあげないものは罰されるであろう。

真のスポーツ精神を守ろう

健全な国は、すべて、国の未来をになう若者にふさわしいスポーツを盛んにするよう努めている。

健全な身体に健全な魂が宿るのだ。また、スポーツは、全世界の若者たちの平和的交流を助長する。若者たちは、お互いを知ることによって、お互いを尊敬することを学ぶ。彼らは、世界の未来に対する希望の源である。

しかしながら、スポーツの試合が政治的指導者の宣伝武器になってはならない。自国の運動選手が勝利をかち取ったとき、それを誇りとするのは当り前であるが、この勝利をイデオロギー優越の例と考えるのは、不健全である。

真のスポーツ精神が生み出すのは、攻撃的精神ではなく、敵に対する尊敬の念である。

全体主義国は、イデオロギー宣伝の際に優越性の証拠としてスポーツの成果を用いるが、われわれは、高邁な理想をこのように曲げて解釈することを拒否しなければならない。

宇宙における新しい勝利

X国によって発射された新宇宙船は永久に飛び続けることができる。ロケットによって補給を受けるので、ほとんど無限の飛行継続を保証されている。これによって、宇宙飛行士が長期の宇宙旅行を行なうことのできる日が近づいたのである。宇宙船の建造者ボメール教授は、記者会見で、彼のつくった機械は技術進歩の上で人類を前進させるから、平和のために大きく役立つだろうと説明した。また、教授は、やがて労働者階級が宇宙で休暇を過ごすことができるようになるだろうと述べた。

ferenz in Tokio bekannt. Die 30 Kriegsschiffe, zu denen auch der Flugzeugträger «Enterprise» gehörte, waren 300 Kilometer nordwestlich von Yamaguchi in Westjapan statio-

Neuer Sieg im Weltraum

Aus Z. verlautet, daß der Abschuß eines bemannten Weltraumschiffes gelungen ist, das unbeschränkt lang um die Erde kreisen kann. Dieser Satellit kann durch periodisch abgeschossene Versorgungsraketen im Weltraum versorgt werden. Damit beginnt eine ganz neue Aera in der Weltraumfahrt. Ungeahnte Möglichkeiten haben sich eröffnet. Der Konstrukteur des Raumschiffs, Prof. Bommer, erklärte in einer Pressekonferenz, daß die Errungenschaft ausschließlich friedlichen Zwecken diene und einen großen Fortschritt für die Menschheit darstelle. Es werde bald möglich sein, für breitere Bevölkerungsschichten zu tragbaren Preisen Weltraumfahrten anzubieten.

Tito beim Schah

Teheran, 24. April. ag (AFP) Präsident

このようなニュースは、平和的な人々の気持を乱すものだ。このような力の誇示は、小国を不安にさせる。小国はどうして超大国から自分を守れるだろうか。

小鳥を捕えるワナ

よく考えてみよう。あらゆる進歩は、それが何によるものであっても、自然に対する人類の勝利をしるすものである。

科学的発見は、それを成しとげた名誉を持つ国だけにかかわることではない。われわれはみな人類に属するのであり、発見は、われわれ全部に関係することなのである。

知識の上でわれわれを前進させることに貢献した人々に、拍手を送ろう。

しかし、また、本物とにせ物を見分けることを学ぼう。大国が科学的研究のために、信じられないほどの巨費を投じているのは、平和に役立たせようという意図によるものでないことは確かだ。それは、軍事的防衛の領域で他国に置き去りにされまいとする意図によるのである。

全体主義国の労働者階級はやがて宇宙で休暇を過ごすことができるなどと言われても、だまされないようにしよう。

今日、その労働者階級に与えられている生活条件の実態をよく見、そして、われわれの、この大地の上でのくつろぎと自由の幾日かを、彼らも持てるようになることを祈ろう。

理論は、それが生み出す結果に基づいて判断しよう。

小鳥を捕えるワナに、われわれは、おびき寄せられないようにしよう。

経済的戦争

ある大国元首の「政治的告白」の、もう一つの抜萃：

われわれの経済的・社会的制度は、いつかは、われわれが世界を征服し得るほど優越している。世界征服が、われわれの目的なのだ。だから、われわれの計画の実現に反対するものは、すべて排除する。

世界を征服するということは、われわれが敵に宣戦を布告し、わが軍をもって敵を粉砕するしかないというわけではない。われわれには、同じくらい効果的で、もっと安くつく方法がある。

まず、われわれの物の見方にまだ同調していないすべての国において、われわれに同調する組織を強化拡大せねばならない。そして、地球上のすべての国々において、われわれの同調者たちに、その国の権力を少しづつ奪取させねばならない。

同調者たちがそれに失敗した国では、われわれは永久革命の状態をつくり出す必要がある。混乱の中で、経験と訓練を積んだわれわれの同志は、だんだん頭角を現わしていくだろう。

革命が困難と思われる国においては、われわれが差し出す有利な条件を受け入れようとする、その国の労働者階級の絶望と空腹の状態を、充分に活用しよう。

最も経済効率の高い戦法、つまり、最も安あがりのやり方は、常に、あらゆる方法で、その国を経済的沈滞——不景気に陥れることである。腹のへった者は、パンを約束する者の言うことを聞くのだから。

経済も武器である

全体戦争の今の時代においては、経済は、政治と戦争の基本的武器である。スイスが経済活動の面で外国に依存する状態にあることは、この点からいって重大な危険である。われわれの攻撃者となるかもしれない国に、われわれが必要とするものの供給を独占させることは、どうしても避けなくてはならない。

スイスは、わが国の中立と安全の要求に合った開放通商政策をとる。そして、潜在的な敵が——われわれの供給する武器を、将来われわれに向けることのないように、当局はわが国の輸出をチェックする。

わが当局は、また、スイス所在の外国商業組織の代表によってなされるかもしれない政治活動に対しても、充分の注意をしている。各個人個人も、わが国を害するおそれのある経済取引は、すべて、みずから避けるべきである。

革命闘争の組織図

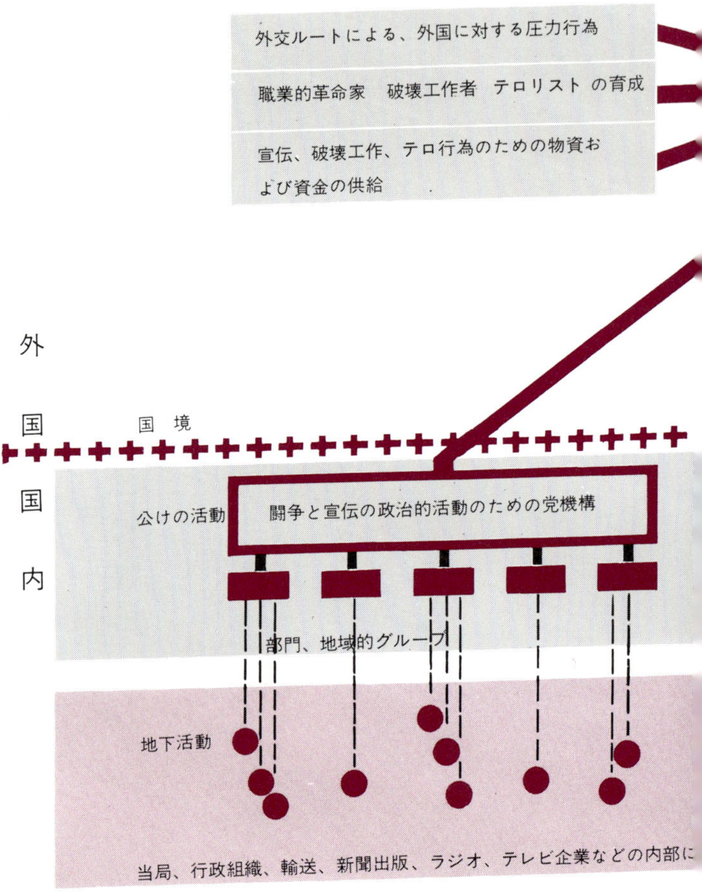

外交ルートによる、外国に対する圧力行為
職業的革命家　破壊工作者　テロリスト　の育成
宣伝、破壊工作、テロ行為のための物資および資金の供給
外
国
国境
国
内
公けの活動
闘争と宣伝の政治的活動のための党機構
部門、地域的グループ
地下活動
当局、行政組織、輸送、新聞出版、ラジオ、テレビ企業などの内部に

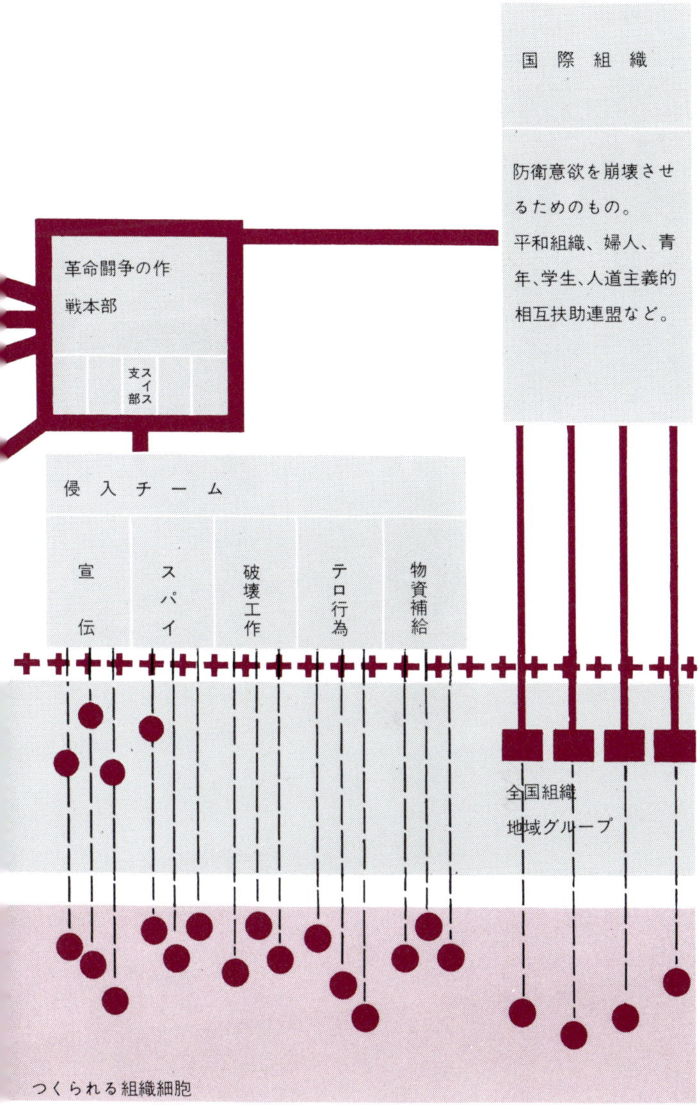
国際組織
防衛意欲を崩壊させるためのもの。
平和組織、婦人、青年、学生、人道主義的相互扶助連盟など。
革命闘争の作戦本部
スイス支部
侵入チーム
宣伝
スパイ
破壊工作
テロ行為
物資補給
全国組織
地域グループ
つくられる組織細胞

敵は、同調者を探す。

敵は、われわれの防衛力を弱めようとする。

敵は、われわれを眠らせようとする。

敵は、われわれをおどそうとする。

敵は、わが経済力を弱めようとする。

われわれは、今日われわれの前に現われている戦争のもう一つの形について語った。

この種のできごとは、われわれの周囲に、われわれの内部に、毎日起こっている。

われわれの運命は、これらのできごとに直面した際、われわれがどう対応するかにかかっている。

明日について考えよう。
われわれの行動の結果を想像しよう。

あるいは

分裂したスイスは降伏する。

敵は、われわれの抵抗意志を挫く。
敵は、国民と政府との間に意見の隔たりを生むような種をまく。
敵は、攻撃準備ができている。
敵は、武力行使の道を選ぶ。
敵は、われわれの息の根をとめる。
万事休す。

あるいは

団結したスイスは、敵を退け、みずからの運命の主人としての地位を維持する。

われわれの抵抗意志を挫かれないようにしよう。
国民と政府は団結を保つ。
われわれは防衛の準備ができている。
攻撃には反撃で応ずる。
われわれは、敵に乗じられないように戦う。
われわれは他国に追随しない。
スイスは自由と独立を維持する。

敵はわれわれの弱点をつく

われわれに全体主義国の宣伝報道が襲いかかる。そして、われわれを根拠のない悪口と非難で覆ってしまう。それと同時に、われわれに必要な物資の引き渡しが妨げられる。彼らは特に、われわれが彼らのイデオロギーに敵意を抱いていることを非難する。

われわれに対してとられる経済的制裁措置は、わが国の工場における仕事に影響を与える。というのは、この措置によって必要不可欠な原材料の一部分が、わが国に入ってこなくなるからである。

こうして、重大な危機が近づく。

次のような事態が起こる。

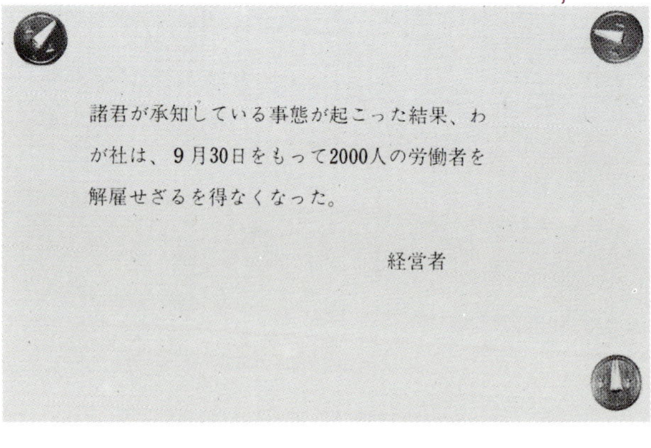

諸君が承知している事態が起こった結果、わが社は、9月30日をもって2000人の労働者を解雇せざるを得なくなった。

経営者

スイスは、威嚇されるままにはならない

外国に脅迫されまいと、固い決意をもっている国においては、たとえ経済危機が発生したとしても、国家制度を危険に陥れることなくそれを受けとめることができる。

特定国ないしは特定の国家グループからの物質の供給が断たれることがありうる。しかし、もしわれわれが警戒を怠らず、あるいは特定の国家グループに組み込まれないでいれば、さらにまた、経済協定を自由に締結する余地を残しておいたならば、われわれは、他の国と関係を結ぶことによって損失を補うことができるだろう。

以上のような危機の想定によって、わが国の中立の必要性はハッキリと示される。

こうして、工場の操業縮小による失業者は、公共の工事を行なうことによって吸収できるに違いないし、雇用者と被雇用者とは相互して対立することなく、互いに協力して、満足のいく解決策を求めるだろう。各人は、共同社会全体の利益のために、つまりお互いのために喜んで犠牲を払おう。

こうして、事態は改善される。

諸君が承知している事態が起こった結果、わが社は生産を縮小せざるを得なくなった。しかし、われわれは失業者を出すことを避けるためにできるだけのことをするつもりである。

経営者

混乱のメモ

1月15日	金属工業部門でストライキ。
2月16日	繊維産業部門で激しいデモ。
2月18日	繊維産業部門でストライキ。
5月20日	社会進歩党は、労働とパンのための闘争において、労働者を支援することを約束。 同党指導者と外国の外交官との間の接触が確認された。
6月4日	金属工業部門の労働者代表は、特別集会において組合幹部の退陣を決定。 組合は、社会進歩党幹部の指導を受けることになろう。
6月10日	金属労働者による新ストライキ宣言。
8月15日	わが国から立ち去る義務のある外国人労働者が出発を拒否。工場を占拠。警察が介入したが事態の解決に成功せず。
9月20日	公共輸送機関ストライキ。 秩序回復のため、連邦内閣は軍隊を動員。鉄道労働者の若干は動員命令を拒否。
11月20日	食料品の価格急騰。

健全な労働者階級はだまされない

スイスの各労働組合の代表者が集会を開いて、突如起こった経済の悪化にどう対処すべきかを検討した。

各代表は、この際ストライキを起こすことは、事態の改善にならないばかりでなく、かえって、ますます事態を悪化させるだろうという点で、意見が一致した。

というのは、現在起きている事態は、わが国の資本家のあやまちによって起こったものではなく、それは、ひとえに、ある外国勢力がわれわれをその支配下に置こうとしているからである。工場に座り込みや、ゼネストを行なうことは、事態の解決策になるどころか、その悪化をもたらす以外の何ものでもない、というのである。

今日、雇い主および労働者にとって重要なことは、双方の間の話し合いによって問題の解決をはかることができるし、また、そうあるべきだということである。

このような事態に直面して、すべての者は、自己犠牲を惜しむことなく、スイス国家の団結維持に努めるべきである。

ところが、一方では、社会進歩党のリーダーたちは、あらゆる手段をもって労働者の団体や組織に浸透をはかり、労働者の不満をあおって、いろいろな要求をさせ、混乱を起こそうとしている。

われらスイスの労働者は、外国勢力の指揮の下に行なわれるこのような策謀に、決して乗ぜられてはならない。

危機に瀕しているスイスに、人をまどわす女神の甘い誘いの声が届く

全体主義国の新聞、テレビ、ラジオは、毎日、われわれに、忠告や、激励や、脅迫を繰り返す。例えばもしも、われわれが全体主義国に味方すれば、彼らは何の不自由もないようにわれわれを助けてくれるだろうといったり、またわれわれが同盟を結べば、その日からわれわれの状態は改善されるだろうと約束したり、そうかと思うと、もしも、われわれが先方の申し入れを黙殺すれば、最悪の災難がふりかかるだろうと脅迫したりする。

ある新聞に掲載された編集コラムの一節

わが社の首脳部は、最近の会合において、わが国の政治・経済の現状に関する検討を行なった。それによれば：
現状は困難の連続である。将来はさらに悪化することは疑いない。その理由は、今日までのところ、スイス政府が、新しい秩序の下でスイスが栄誉ある地位を占め得るように与えられた、せっかくの多くの機会を、いずれも有効に使うことができないでいるからである。われわれは、現在の反動政府の政策に影響されることは決してない。本紙は固い決意をもって、進歩と革新のため前進するのみである。読者諸君は、必ずやわれわれのこの方針を支持することを確信している。

心理戦に対する抵抗

新聞記事の一節：

国の各層を代表する者数十名の人々が、昨日ある所で集会を開き、集まったすべての者が持つあらゆる知識を総動員して、スイスの現状、および、これに対してスイス政府がとるべき対処策について、討論をたたかわした。

その結果、彼らは全会一致で、目下の種々の問題について注意を促すため、連邦内閣に書簡を送ることに決定した。これらの問題の中には、スイス全国の種々の報道機関に関する問題も含まれている。この書簡に署名した50人の人々は、スイスの報道機関が、スイス国民に迫っている種々の危険に対してあまりに無関心であるとして、報道機関全体を批判している。全体主義諸国の攻勢に対する報道機関の確固たる態度こそ、われわれにとって大切なのであり、連邦内閣はこの問題について充分注意を払う必要がある。

スイス連邦法務警察長官は、直ちに記者会見を行ない、大部分のスイス新聞の示している模範的な態度を賞讃するとともに、わが国民に対して、スイスのあらゆる財産、価値あるものを、引き続き保護するため最大の努力を払う旨を約束した。さらに、長官は、スイスの全報道機関こそ、スイスの独立と自由を守るための戦いの第一線に立つべきであると述べた。

もし外国勢力がスイスを攻撃しようと欲しているのなら、彼らは、スイスの報道機関の態度がかりに友好的であったとしても攻撃をかけてくるだろう。大切なことは、われわれ国民が、外敵のどのような圧力にも、どのようなおどしにも、屈することなく反撃できるように、毎日心がけていることである。

われわれは、自己の運命は自分自身で決定したいと、他人に指図されたくないと、常に願っている。

以上のような法務警察省長官の発言に対して、大きな拍手が起こった。

政府の権威を失墜させようとする策謀

社会進歩党は、その第一次作戦が成功したと判断している。今や第2次攻勢に移った。その目ざすところは、政府と国民との離間をはかることであって、そのためには、刃向う者すべてを中傷し、それに対して疑惑の目を向けさせることが必要である、と考えている。

そこで、連邦政府や州当局の有力者が特に狙いをつけられることになる。これらの要人に対して疑惑の目を向けさせることによって、政府の権威は根底から覆えされていくのであって、国民がこれら当局者を信頼しなくなったときこそ、国民を操縦するのに最も容易なときである。

社会進歩党は、偽わりの怪文書をばらまくとか、その他、国の組織や制度に打撃を与え得るあらゆる手段を用いる。

現存の組織および制度を麻痺させることは、その程度を問わず絶好の方策である。連邦議会は攪乱工作にとってこの上ない目標なので、社会進歩党の議員たちは、ここで、できる限りの手段をとるであろう。

スパイおよび情報機関は、共同して、軍隊の価値に対する疑惑の念を広めようとする。そして、軍部は、やむことのない攻撃の目標となるのである。

政府と国民は一致団結している

このような状況のもとで、連邦内閣は、全スイス国民に対して次のような声明を発した。

事態を冷静かつ客観的に分析してみると、スイスは、国の内外で、実際の戦争に苦しんでいるわけではないが、戦争状態にあると考えざるを得ない。端的に言えば、われわれの直面しているのは、武器をもって戦う戦争ではない。

しかしながら、今日、一種の戦争は厳として行なわれている。それは、武力による戦争に比して直接的破壊が少なく見えるからといって、その恐るべき効果は軽視できない。わが祖国は、ここ数ヵ月の間、強い圧力の下に置かれている。その圧力は、われわれに、それに対して確かに正当な防衛権を行使する権利がある、と信じさせるに充分なほどのものである。

連邦内閣は、スイス全国民に告げる。――われらの自由と独立を守るため、合法的なあらゆる手段を使って戦え！

連邦議会は、連邦内閣に対して、あらゆる防衛措置をとることができるよう全権を与えた。

敵の手による偽わりの宣伝にだまされぬように注意せよ。敵側の宣伝は、スイスのラジオ放送と同じ周波数で送られてくることも考えられる。

すべてのスイス人は、一せいに共通の目標のために団結せよ。それは、わが国の制度とわれわれの自由を維持するためである。われわれは、この試練を乗り切って勝利を得よう。

神よ、戦争の種類のうちの、この最も危険なものとの戦いに勝たしめるため、われらにその御手を貸したまわんことを！

政府の権威を失墜させようとする策謀

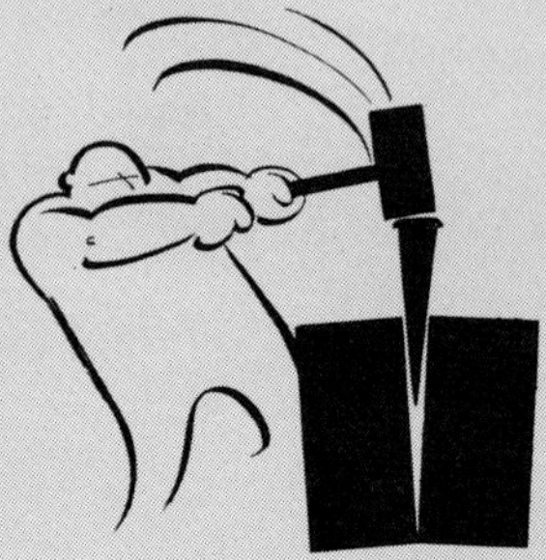

連邦警察によって押収された秘密報告書の抜萃：

われわれのグループは、いつでも行動に移れる態勢にある。この国の経済省長官に関する調査は、すでに完全なものとなった。計画は次のように運ぶつもりである。

われわれはもっともらしくみえるだろう。

すなわち、連邦内閣のある有力な男はわれわれと共謀していることにされるのだ。その結果、失業者を救済するためにこの男が用意した法案は、われわれがまき起こす騒ぎの中で、必ず否決されることになるだろう。

われわれは、われわれと同調する相当数の新聞記者を利用する。その記者の中には、われわれがつくった文書を信ずる者も出てくるだろう。われわれの組織の中の相当数の者は、最も重要な新聞社から二流新聞の編集局にまで入り込んでいる。

われわれの組織の一員が、わが陣営に引き入れた連邦議会議員の秘書と連絡をとることに成功した。われわれは、彼を事件に引き込み、そして、スパイ行為を行なったとして、彼を非難することにする。

また、スキャンダルの材料も周到に用意した。このスキャンダルを、スイスのあらゆる地方に同時に知れ渡らせるつもりである。

それにもかかわらず、国民と政府は一致団結している

上に掲げた秘密報告書がわれわれの報道機関によって公表された結果、われわれは、いよいよ危険が迫りつつあることを認識した。

事件に巻き込まれた連邦議会議員は、この試練を経て、かえってその権威を高めたのである。彼こそ敵の一味によって狙われた人であるので、すべての愛国者は特に彼を支持しなければならない。

彼が作成した法案は大多数をもって可決され、その結果、わが国経済の立て直しをはかるためのあらゆる措置がとられることになるだろう。

連邦内閣は全権を与えられて、すべての分野で迅速な行動をとることができるようになった。必要があれば総動員も発令できる。

新聞、出版物、ラジオおよびテレビは、このような心理戦争の段階においては、まさに決定的な役割を果たすものである。そのため、敵は、編集部門の主要な個所に食い込もうとする。われわれ国民はこれに警戒を怠ってはならない。敵を擁護する新聞、国外から来た者を擁護する新聞は、相手にしてはならない。われわれは、われわれの防衛意欲を害するあらゆる宣伝に対して抗議しよう。

混乱と敗北主義の挑発者どもは逮捕すべきであり、敵側の宣伝のために身を売った新聞は発行を差し止めるべきである。侵略者のために有利になることを行なった者は、その程度のいかんを問わず、裏切者として、裁判にかけなければならない。

政府の権威を失墜させるための策謀

その工作とそれに伴う事態の推移：

1月15日	幾つかの新聞は、経済省長官の国家に対する忠誠心を問題として取りあげる。
1月18日	今や政府の実権を握る経済省長官に反対する痛烈なキャンペーンが始まる。
1月20日	経済省長官は辞任を拒否する。幾つかの新聞は、彼を攻撃する文書に疑いを抱く記事を発表する。
1月25日	X長官への攻撃が続く。彼の国家に対する忠誠心が問題化される。
3月15日	X氏事件は再び大きくなる。彼の秘書がスパイ容疑で非難される。
4月29日	社会進歩党の執行部はゼネストについて語る。
4月30日	X氏ついに辞任。

国民は、もはや、だれの言うことが正しくて、だれの言うことが間違っているのか、わからなくなる。すべての裁判官は現在疑いの目で見られている。何が起こるのかわからない。

国民と政府は動揺しない

1月15日　連邦内閣は、全権を与えられているおかげで、失業および買占めに対する有効な対策を実施し、スイスの安全を確保するため努力する。

2月2日　社会進歩党の執行部は、この全権の行使に反対するデモを組織したが、失敗に終わった。国民は、このような悪徳スイス人によるデモを無視する。

3月20日　好ましからざる外国人は国外退去のため国境へつれていかれる。

6月21日　スイスの各大学都市の学生が、国の独立を守るためのデモを行なった。

7月4日　社会進歩党の議員による議会での議事妨害は、うまくいかない。

9月14日　X長官に対して企てられた陰謀の主犯が逮捕され、多くの文書が押収された。

9月19日　愛国者の諸団体が公式に会合。

国民の信頼は不動。スイスは健在であり、いかなる犠牲でも払う用意がある。

内部分裂への道

スイスと同様に全体主義諸国によって脅迫されているわれわれの隣国では、ついにクーデターが起こり、侵略者に協力する政党が政権を握った。

外国勢力は、時を移さず、彼らの立場からの「秩序維持」のために行動を開始した。その結果、この外国勢力がスイスの国境に迫ったのである。

国境には、スイス軍の弱小な部隊しか駐留していなかったので、偶発的な衝突が幾つか起こって国境は突破されそうになり、政府は、脅迫に屈して陳謝するのみだった。

政府は外国勢力の圧力に屈し、国家安全保障のための態勢の解体さえ命じた。

社会進歩党は、この措置を歓迎するとともに、隣国の占領国と軍事同盟条約を結ぶように圧力を加える。

スイスは分裂した。

みずからを守る決意をもっていれば

われわれの隣国に起きた事件やこれまでに述べてきたもろもろのことは、注意深いスイス国民にとっては幸いな結果をもたらすであろう。

つまり、危険が目前に迫ったことによって、これまでどっちつかずの態度でいた者は、はっきりした態度をとらざるを得ないことになり、また、スイス国民の精神的連帯感は刻一刻と強まっていくのである。

今隣国に起こっている悲劇、すなわち、その国を支配し、その国の自由と独立の伝統をすべて破壊しつくす外国の侵略軍を、みずから招き入れた国の悲劇を目の前にして、これまで最も盲目的であったものも今や事態にめざめるのである。全スイス国民は、若干の裏切者を除いて固い団結を誇っており、共通の理想のためには死をかけて戦う用意がある。

ただちに発動される総動員令は、あらゆる代償を払っても抵抗するという固い決意を示すものとなるであろう。

全体主義諸国の元首からの脅迫状は、そのまま突き返されるであろうし、煽動者どもは、直ちにその破壊活動を阻止され、裁判所に送られるであろう。われわれ国民の固い決意はここにおいても、また、わが国を救う。

滅亡への道………

次のようなことが起こり得る。

衰えたスイスでは工場、弾薬庫、高圧線に対して至る所で破壊が行なわれる。前線は極度に緊張している………

汽車が脱線する

殺人が
行なわれる。

敵は至る所に出没する。

殺人犯も裁判にかけられない。スパイ行為がしきりに行なわれ、すべての国民が互いに疑惑を抱く。

敵は堂々とその組織をスイスに送り込む

警察はもはや市民を
頼りにできない

市民はテロリストの仕返しを恐れ
彼らの側に立つ。

わが国に出没するテロリストたちは、このために特に任命された指揮官の下で行動している。彼らは社会のあらゆる層に浸透し、驚くべき大胆さで暗躍する。彼らの"平和のための戦い"は、全国に、混乱、恐慌、無秩序をまき散らす。

わが国の経済事情はますます悪化し国外からの政治的圧力が高まる。

このような危険な環境のもとで、われわれ国民の抵抗精神は衰えていく。

法と秩序が保たれれば

(政府が適切な手を打てば——)

総動員令が手際よく発動された。煽動工作員どもが軍隊内で逮捕され、直ちに軍事裁判にかけられた。連邦および州の警察は、精力的かつ敏速に行動し、われわれを取り巻いていたスパイ網は、すでに解体された。スパイは軍刑法に基づいて裁判される。

社会進歩党の党首およびそのおもな協力者が逮捕された。驚くべき破壊工作用の物資が押収された。その中には、多数の通信機械、武器、爆弾類、制服などが含まれている。

テロ活動の全貌は、すでに検察庁の手中に知られている。法は、スパイと裏切者の取締りのために適用され、国民は、犯罪人に対する裁判を信頼の念をもって見守る。嫌疑をかけられた多数の外国人が国外に追放された。

スイスが分裂していたら

社会進歩党の機関紙の記事：

事態は急速に発展している。わが党は、スイスを取り巻く諸国と平和を実現するとの公約に忠実に精力的な活動を続けている。スイスの二つの州における最近の選挙で、わが党の同志は過半数を獲得した。それは、最終的勝利への第一歩である。

他方、進歩的な外国とわが国との間でいずれは調印すべき条約の締結を早めるため、わが党の同志は、外国に亡命政府を打ち立てて、条約締結の交渉にあたることになった。ベルンのかいらい政権が、このような企ては違法だといったところで、無駄である。この計画が実現しつつある現実を見よと言いたい。

現在のエセ政権は現在われわれが置かれているこの無秩序を解決できないということが、最終的に判明したときこそ、われわれの同志が国外からスイス領土に呼び込まれ、スイス周辺諸国でとったのと同様の行動を展開してくれるだろう。

スイス国民の幸福のみを願う諸国のスイス国民に対する完全な保護を、今ただちにわれわれの同志がもたらすことができなくても、それは、われわれの同志の誤まりによるものではない。

スイス国民の消極的な態度には、いらだたしいと言わざるをえない。彼らは、われわれに味方しないで、単にみずからを運命の手にゆだねているかのごとくである。

スイスが団結していたら

全体主義諸国による大規模な“平和攻勢”において、彼らは、スイス国民の幸福を願い、また、人類の、より一層の幸福と安全のために、われわれと協力しようと言っている。すべてが結構ずくめである。われわれは、世界のすべての国と平和に生きること以上に、何を希望することもない。しかしながら、われわれの知っているこれまでの経験は、われわれ自身の運命を他人に再びまかせてはならぬ、ということを教えてくれる。

われわれに対して、外国から次のような呼びかけがある。

まず、スイスの兵士をそれぞれの家庭に帰そうではないか。国境に集結していても無駄ではないか。家庭に、なすべきことが待っている、と。

これに対して、われわれは次のように答える。

それはわれわれ自身の問題で、他国の知ったことではない、と。

また、われわれは、“平和の戦士”を裏切者と考えぬように、という圧力を受ける。これに対して、われわれは、“平和の戦士”なるものが、わが国の法と制度を尊重する証拠を見せてくれるのを待つこととする。われわれは、スイスの絶対中立主義に反する同盟は、いかなるものも外国との間で締結するつもりはない。

われわれは、また、自分自身の都合次第で、つまり、自分に都合がいいか不都合であるかに基づいて外国に干渉するつもりは、全くない。われわれのコップは小さいが、それで結構だ。われわれは自分のコップを使って水を飲む。大国と大国との間の紛争は、大国が自分たちで解決して欲しい。われわれ自身の問題の解決には、大国は口を出さずに、われわれ自身による解決にまかせて欲しい。

われわれは、外国による後見人は、どのようなものも受け入れない。われわれは、スイス国内に“外国人の裁判官”を持ちたくない。

首に縄をつけられるか

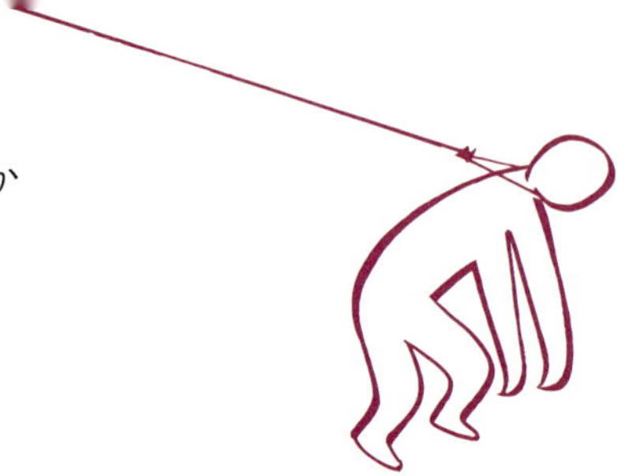

われわれに対する威嚇：

われわれをおどかしている外国軍の司令官が、スイス連邦大統領を、その本部に招いたが、そこへ行くべきではなかった。スイスの政治家や行政官は、すでに社会進歩党の圧力に屈している。外国軍の司令官は言った：

> われわれがこれから千年にわたって築き上げようとしている新ヨーロッパ秩序に、スイスも参加していただきたい。この点を御理解いただけないのなら、あなたの国は亡びますぞ。
>
> スイスは今や、内戦、飢饉、および、それから生ずるあらゆる混乱の瀬戸際に立たされているのです。
>
> どうか、私に、あなたの国を援助させて下さい。

沈黙が続いた後、さらに彼は言った。

> スイス軍の動員を解きなさい。スイス国民の中には、われわれに保護を求めてきた者もたくさんいる。彼らは、スイスの当面しているいろいろの問題を解決するため、あなた方を助けることができる。だから、あなた方も彼らと協力しなさい。
>
> もし、あなたが、これらの条件を受け入れないとすれば、スイスはどのような混乱に見舞われることか。それを私は心配する。よって、このような場合は、すべての者に受け入れられる状態をつくり出すため、私は軍隊を率いてあなたの国に入らざるを得ない。

スイス連邦大統領は、連邦内閣にこのことを報告した。連邦内閣は、スイス国境に集結している外国軍の司令官と引き続き討議を行なうことを了承した。

全体主義国の報道機関は、スイスの政治家や行政官が示した“理解”ある態度を歓迎した。そして、これから実施される解決策、つまり、経済的破壊と流血のない解決策の重要性を強調している。

われわれは他国に追随しない

1874年連邦憲法第二条は、
次のように規定している。

《この連邦は、外国に対する独立を確保し、国内の安寧と秩序を維持し、連邦諸邦の自由と権利を擁護し、かつ、その共通の繁栄を増進することを目的とする。》

われわれは、例外的な解決策をつくり出してはならない。憲法がわれわれのとるべき態度を規定しているのである。この連邦の目的は、この伝統をわれわれに残した先人によって、明確に定義づけられている。

われわれは、外国からの働きかけに耳をかしてはならない。われわれの義務は明確である。すなわち、国内の秩序を維持し、外国に対して独立を守ることである。

この二つの努力目標が、われわれの国家防衛の存在を正当化するのである。

われわれは、他国に追随しない。

終　局

卑怯な行為と辞職が続く中で、スイスは、ついに最終的な屈服への道を歩む。全体主義国の指導者は、ついにスイスに対して最後通牒を突きつけた。その要求はあまりにも厳しい。立ち直るには今や遅すぎる。

連邦大統領は辞任した。

軍隊の動員は解除され、スイスは今や敵のなすがままとなった。

世論は全くバラバラに分裂し、右翼も左翼も、互いに“裏切り”のことばを投げ合っている。

連邦議会は、新しい連邦内閣の首相に社会進歩党の党首を選んだ。彼は国防省の指揮権を要求した。

ある朝、全国向けラジオ放送で、“あまりにも古くさいスイスの諸制度”は終了した旨が告げられ、新たに選ばれた連邦内閣の首相は、みずからを“新生スイスの盟主”と呼んだ。

これに反抗した多くの政治家や行政官は刑務所に入れられ、国会議事堂前の広場では、数時間後に、褐色のシャツを着た“平和部隊”三個大隊が行進した。

新しい“盟主”は、国家の全権を握っている。

彼は、昨日、スイスの“秩序回復”のため外国軍隊の介入を求め、ここに、わが国の名誉と誇りの長い歴史は、その幕を閉じたのである。

スイスにはまだ自由がある

政府の安定性は、わが国の政治における基本的な要素の一つである。国民が団結しており、強力であるときに、政府は、初めて、公共の福祉のための政策を有効に推し進めることができるということは、国民自身がよく知っている。だから、わが国の将来を背負っている中心人物に疑惑の目を向けさせることを狙っている人々の策略などによっては、政府に対するわが国民の信頼の念はゆるがない。特に危険が差し迫ったときは、敵に対して共同戦線を張ることが必要である。

スイス国民は、同時にスイスの兵士であり、国民はそれぞれの義務を遂行できるよう各自が武器を持っているが、国民の義務とは、武器を用いることが第一なのではなく、まず、その精神が問題である。外敵から国を守るため、および国内の秩序を保つための、岩のように固い意志を持つ必要があり、その意志が強固であるときにのみ、われわれは持ちこたえることができるのである。

政府に対する尊敬の念は、スイス国民の精神的態度の中に現われている。国民の支持は、連邦および州を初めとするすべての当局者に向けられなければならない。上下を問わず、すべての国民が、ひとしく確固たる決意を持つべきである。

われわれは、いつまでもスイス人でありたいし、また自由でありたい。スイスの独立は、われわれ国民の一人一人にかかっている。

これまでに、われわれは、この上ない悲劇的な場面のことを考えてきた。それは、スイスが占領され、かつ、スイスがその国民自身によって裏切られる場合のことである。

このような場合を避けなければならないが、そのためには、最悪の場合を想定しておく必要があるのだ。

われわれは、その伝統を顧みないスイス、少しずつ分裂と衰亡に落ち込んでいくスイス、そして、ついには惨めな裏切りと占領に終わるスイスを想定し、それぞれの場面を描いてきた。

しかし、このように外国勢力の言うがままになる政策をとったとしても、スイスが戦争から逃がれることは不可能かもしれない。このような場合は、スイスは新たな外国勢力の活動舞台になるおそれがあり、国民は、何の保護も受けることなく外国勢力の攻撃にさらされることになるだろう。すべてから見放されたスイスは、もはや外部の援助を期待することができなくなるだろう。

これに反して、もしスイスが一致団結していたら、事情は逆になるに違いない。すなわち、スイスには、このような、戦争の第二の形、つまり目に見えない戦争に対して抵抗し得る機会が、充分に残されているだろうし、スイスみずからが自己の運命を決定できる機会も残されているだろう。たとえ、敵が長い期間わが領土を占領したとしても、国を愛する者は決して失望せずに、独立の回復のため日々、努力すべきである。

そうすれば、いつかは、きっと新しいスイスは占領軍に対抗できるようになり、新しくやってきた外国軍隊は、さんざんな目にあって撤退するだろう。そして、スイスはその自由と独立を取り戻すことができる。

レジスタンス(抵抗運動)

国際法

占領された国の国民の保護と権利

抵抗運動における戦いの戦略と戦術

消極的抵抗

違法な占領政策に対してとるべき行動

積極的抵抗

裏切者に対する戦い

スパイ

敵を消耗させよ

怠業、破壊行為

占領軍に対する公然たる闘い

解　放

すべての国の国民は、その願望、伝統および信条に従って自決の権利を有する。諸国は国際連合憲章の中でこの権利を正式に認めた。したがって、すべての国民は、外国の暴力行為に対しては、抵抗する権利を有する。どの国民も、もし、自由への固い決意に燃え、正当な手段を用いて侵略者に抵抗するならば、いつまでも抑圧され続けることはありえない。

国土を占領した抑圧者に抵抗することは、厳しい努力を要する。地下抵抗闘争においては、罪のない人々が無駄に苦しまず、また、無益な血を流さぬように戦わなければならない。

占領地帯では、住民は、国際法に基づいて最低限の保護だけは与えられる。

一方、抵抗運動は、戦時法規の規定に基づく恩恵に浴するために、その諸規定を遵守しなければならない。単なる殺人は禁止されている。

占領軍は、あらゆる方策を尽くして、占領地における抵抗運動を抑圧しようとする。占領者は、関係者の国外追放、恐怖政治、食糧供給の停止、集団的処刑、罪もない人々の虐殺などの手段を用いて、戦時法規を破るだろう。ベルコール、オラドールおよびワルシャワのユダヤ人街に起こったことを忘れてはならない。

占領軍は強力な武器を持っている。だから、占領軍が仕返しとして武力を用いるような口実は、どのようなものでも与えないようにしなければならない。

散発的な行為や、効果的でない行為は、かえって有害である。

抵抗運動は、責任者によって組織され、指揮されるものでなくてはならない。指揮者は、行動に移る時間、手段、場所などを決定する。

抵抗運動のための戦闘は、このような抵抗運動の組織に所属している者だけが行なうべきであって、このような者は、一般国民とハッキリ区別がつくようなマークをつけ、かつ、武器を堂々と持つべきで、隠して持ってはならない。

原則として、抵抗運動としての戦闘は、軍隊に属する指揮官と兵士とによって行なわれることが望ましい。彼らは、よく準備しているので、効果的に行動しうる。彼らの身につけた規律は、孤立した、効率の悪い行動を、未然に防ぐことができる。よく統率され、効率的な訓練を受けていれば、比較的少数のグループでも、敵の大軍に打撃を与えることができる。

その他の一般国民は、戦闘行為を差し控えねばならない。抵抗運動組織を援助するにとどめるべきであるが、それには次のような方法がある。

1. 戦闘参加に不適格な大部分の一般国民は、占領軍に対して厳然たる態度を示し、できるだけ接触しないようにすること。

2. 戦闘に参加できる者は、すべて抵抗運動組織に所属しなければならない。

3. 上記2の厳密な意味での「抵抗運動」を補助するもの、つまり、秘密組織のメンバーは、情報を一般国民に伝達し、情報の仲介役として働き、また特別の命令を帯びた者をかくまったりする。これらの活動は、その行為をする者みずからの責任において行なわれるが、これらの活動をする者は、その家族とともに、敵の仕返しを受ける危険にさらされていることを知らねばならない。

抵抗運動に参加しているすべての者は、生命を失う危険がある。それは遊戯ではなく情け容しゃのない戦争だからである。

スイスのすべての男子も女子も、もし、敵が不法な手段で、その身体、生命または名誉をおびやかすような場合には、あらゆる方法で正当防衛を行なう権利を有する。

この権利は誰れも否定できない。

都市の占領

戦闘はだんだん縮小されていく。一般国民は、おそるおそる避難所から出てみる。民間防災組織は、まだ使うことのできるあらゆる手段によって一般国民と連絡をとり、どのように行動すべきかを伝達する。

町全体が瓦礫の山と化してしまっている。橋は破壊され、道路は残がいで埋まり、家屋は炎上している。外に出て最初に気づいたことは、そこかしこをパトロールしている兵士たちが、われわれスイス兵ではないことである。われわれの町は占領されたのだ。町の四つ角では、装甲車がわれわれを睨んでいる。それは敵の装甲車なのだ。

占領軍は、まだ住むことのできそうな家屋、洞穴、避難所などの捜索を始めた。スイスの兵士たちが連れ去られて捕虜となる。スピーカーが住民に対して、解放軍を歓迎せよと呼びかける。さらに征服者のスピーカーは続けて言う。

「少しでも抵抗したら容赦しない」と。

占領下の生活

占領下の生活が始まった。
道路上の残がいは少しずつ取り除かれ、主要な道路では再び通行ができるようになった。
民間防災組織は、前代未聞の社会混乱の中で、少しでも秩序を取り戻そうと努力している。
占領軍は、川にかけた仮橋の二つを破壊した。
兵士と物資を積んだトラックが絶え間なくスイスの中心部に向けて走っていく。
占領軍の衛生隊は、ほぼ無傷で残った病院を占領した。ジュネーブ条約の規定に従って、病院で働く人々は、スイス人であると侵略者であるとを問わず、区別なく傷病者を手当している。
病院のホンの一部分が一般国民用として使われている。
こうして、生活は再び始まった。
しかし、占領軍は、軍事以外の行政および司法組織には、まだ手をつけていない。われわれ自身のこれらの組織は、依然として動き続けている。
郊外にある学校の中で、比較的爆撃による損害の少なかった所が再開された。
幾つかの商店も店を開いた。
食料の配給割当はどうやら満足のいける程度になった。
バラックを取りあえず急造しなければならぬ。
洞穴に住む者もいる。
誰れも敵と接触しない。

抵抗運動の組織化

わが領土のほとんど全部が敵によって占領されている。何人かの重要人物は、強力な抵抗運動をすみやかに組織するため、国外に逃がれることに成功した。

《国民執行政府》を構成する者の中には、最も高い地位にある政治家たち、高級官僚、各国民政党の指導者、各労働組合の代表者、各愛国団体の代表者が見受けられるが、これらの人々は、緊急避難の法理に基づき亡命政府を樹立する。

"スイス解放放送"の第一声

スイス国民に告げる。スイス軍の主力は、すでに戦闘を一たん停止した。われわれの軍隊は力の限り戦ったが、あまりにも多勢に無勢のため、形勢が不利になったのだ。しかし、われわれはまだ降伏はしていない。戦いは続いている。しかし、今度は別の方法による戦いである。スイス政府は、祖国での活動が困難になったため、本日から、われわれに便宜を与えてくれた友好国からこの戦いを続ける。この放送は、正統スイス政府の名において、国民に対して行なっているのである。

われわれ正統政府は、祖国の完全解放の実現のため最後まで戦う。

当面は臥薪嘗胆せよ。敵の反撃を招くような行為は絶対につつしめ。時が来れば、スイス解放放送が国民に指示する。失望は無用である。われわ

れの決意は固い。時がたてば必ずや形勢はわれわれに有利になり、いつか必ず解放の光が輝くであろう。

当分の間は無謀な行為をつつしみ、国際法を遵守せよ。

この放送は、スイス国民に抵抗運動のやり方を指示する。この戦いにおいて国民すべてが確固たる決意を示していることは、最後まで戦い抜く勇気をわれわれに与える。希望の灯は、絶えずわれわれの生活に、ともされている。無駄な犠牲は決して払わずに、じっと待て。

以上が、昨日聴取した《スイス解放放送》よりのメッセージである。

亡命政府の大統領と解放軍の総司令官の仕事は容易なものではないが、幸いなことに、彼らは至る所で多くの協力を得ることができる。スイス国家の将来への希望は、ひとえに、この二人のまわりに集まっている。数千の退役兵士たちは、地下運動のためにいつでも銃をとる用意がある。彼らは新しい配置につけられることを心持ちにしている。

地下組織が次々につくられる。スイス全土が碁盤の目のような区域に細かく分けられて、それぞれの区域は、地下組織の地方活動区域となり、経験を積んだ指揮官と正統政府によって任命された行政司法組織の下に置かれる。パラシュート降下作戦が検討されている。これは、われわれの友好国の好意によってわれわれが使用することのできる設備のおかげである。われわれの訓練は国境外で続行されており、そして、抵抗運動が着々と明確な形で組織されている。

黙って好機を待て

今朝、スイスのほぼ全土にわたって、何百万というビラが発見された。国民は夢中でそれを拾って読んだ。

スイス国民に告ぐ！　勇気を失うな。絶望にとらわれてはならない。われわれにとってまだ時機が早い。早まって好機をつぶしてはならない。これから何週間、いや、何ヵ月、何年先になっても、じっと、こぶしを握りしめ、怒りを心の中で噛みしめなければならない。

国際情勢はわれわれに有利に展開するだろう。しかし、一日にして好転するものではない。

働け！　忍耐せよ！　われわれができることは何でもやろう。しかし、一人として国民の中から無駄に死ぬ者を出してはならない。時が来ればわかる。われわれは、解放のための共通の希望、共通の決意によって、奮い起ち、一せいに蜂起しよう。散発的な、無益な行為によって、われわれの好機をつぶさないようにしよう。敵も、また、敵に協力するスイス人も、決して殺してはならない。工場に対しても、通信施設に対しても、また兵站所に対しても、破壊活動を行なってはならない。一般国民がこのような行為を行なうことは、国際法で禁止されている。

われわれが効果的に行動できるときが来たら、時を移さず立ち上がろう。政府は国民すべてとともにある。同じ心と、同じ決意をもって。当分の間は、威厳と規律をもってこの試練に耐えよ。

隠れ家で聞いた“スイス解放放送”：

スイス国民に告ぐ！　国民が忍耐できるギリギリの所に来ていて、じっとしてはいられない、ということは、よく理解できる。われわれもそうなのだ。しかし、時機を待て。傷ついていない国民の力を大切に保て。解放の鐘が高らかに鳴り渡った日に、この力は幾らあっても足りなくなる。

抑圧者の存在は、知らぬふりをせよ。敵の前では、つんぼ、めくら、無感動になれ。敵は国民を馬鹿にするだろう。そのときは敵を見るな。敵は国民をなぐるかもしれない。そのときは痛みをこらえよ。敵は国民に話しかけるだろう。そのときは敵のことばが呑み込めないふりをせよ。

当面反乱を起こしても何にもならない。敵は強大である。小羊は狼の前で何をしても無駄だ。破壊活動や暗殺行為をしたり、部分的に恨みを晴らす行為をしたところで、当分の間は大した効果はない。われわれがここだと思う時機に、われわれすべてが一致して攻撃に移ろう。

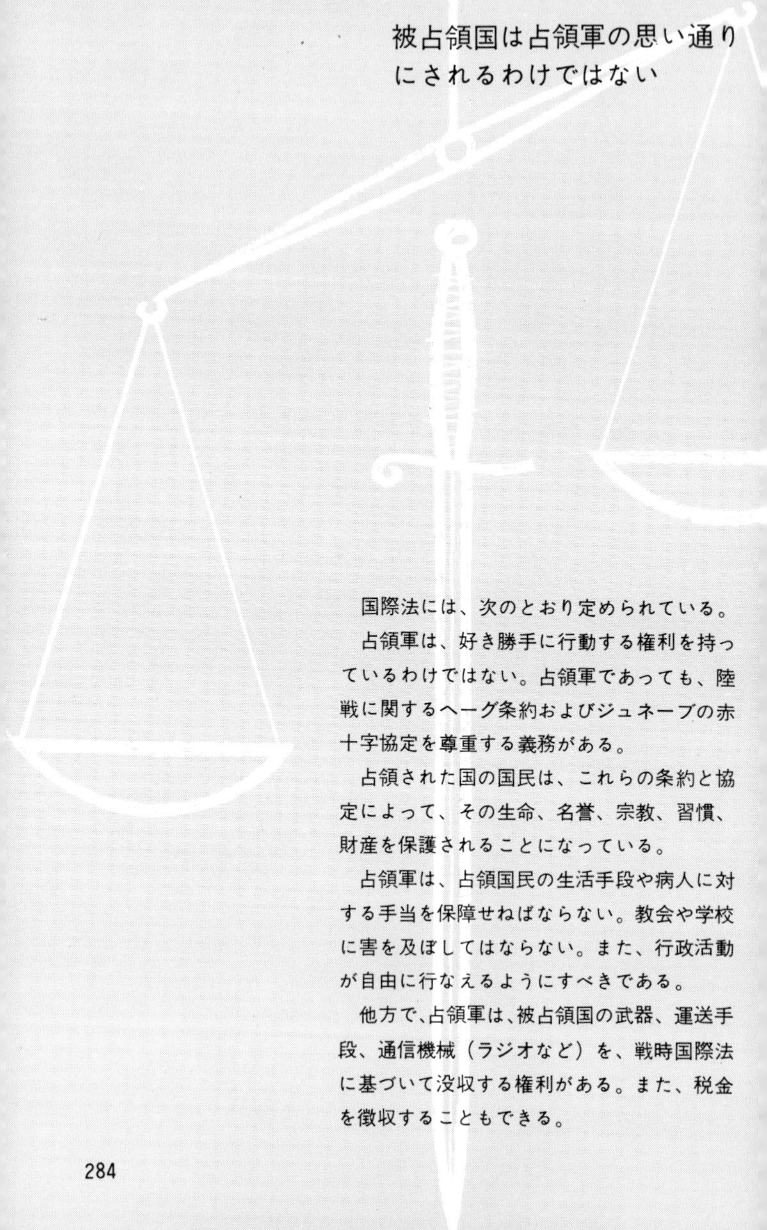

被占領国は占領軍の思い通りにされるわけではない

国際法には、次のとおり定められている。

占領軍は、好き勝手に行動する権利を持っているわけではない。占領軍であっても、陸戦に関するヘーグ条約およびジュネーブの赤十字協定を尊重する義務がある。

占領された国の国民は、これらの条約と協定によって、その生命、名誉、宗教、習慣、財産を保護されることになっている。

占領軍は、占領国民の生活手段や病人に対する手当を保障せねばならない。教会や学校に害を及ぼしてはならない。また、行政活動が自由に行なえるようにすべきである。

他方で、占領軍は、被占領国の武器、運送手段、通信機械（ラジオなど）を、戦時国際法に基づいて没収する権利がある。また、税金を徴収することもできる。

もし占領軍が国際法規に違反した場合には、住民は、自分たちに加えられたすべての危害について、公式に、占領軍当局または赤十字に訴え出ることができる。どのような場合でも、合法的な範囲内で抵抗しなければならぬ。抵抗すれば、敵をいら立たせ、われわれの立場を悪くする。

しかし、黙っていると敵のやったことに同意したものと思われるかもしれないから、占領国軍隊の犯した過失は、すべて記録しておこう。いずれ解放の日が来たとき、裁判所で公正に話をつけるために。

占領軍は、次のようなことを行なう権利を持たない。

1）理由なしに国民を逮捕すること。裁判にかけずに国民に刑を言い渡すこと。国民を強制移住すること。

2）報復のため無実の人に危害を加えること。

3）犯人がハッキリしないことについて、集団を罰すること。

4）人質をとること。

5）住民を、軍の工事に使用すること。戦闘作戦中の盾とすること。占領軍の軍務に服させること。

6）住民に戦闘行為を強制すること。

7）良心に反する誓いをさせること。

8）暴力を用いて、秘密を暴露させること。軍事的情報を無理に白状させること。

9）病院をその本来の用途に使えないようにすること。病院の医師や職員の任務遂行を妨げること。

10）何であろうとも略奪すること。私有財産を没収すること。

11）どのような形であっても個人に対して暴力を加えること。

怒りを抑えて時を待とう

ある村にいる占領軍の兵士たちが、彼らの隊内で何かを祝って騒いでいた。彼らは、宿屋の主人から酒倉の鍵を無理に手に入れて、へべれけになるまで飲んだ。酔っぱらって、何かわからぬ熱情にかり立てられた彼らは、勝利の叫び声をあげながら教会に向った。そして、教会を荒らし、礼拝に用いる品々を破壊し、聖なる櫃に対しても不敬を働き、安置してある像を地上に投げ出した。

彼らが教会から出たとき、一発の銃声が響いて、仲間の一人が倒れた。彼らはさらに怒り狂って、村の当局者に対し武器を持ってる男をみんな建物の入口に集めるように命じた。村の責任者が彼らに代って名乗り出たところ、兵士たちは彼を射殺し、さらに、みずから犯人を追及しはじめた。やがて20名ばかりの村人が教会に閉じ込められた。

軽機関銃の一せい射撃が聞え、こうして村の人々は、約20名の無実の人人の身に振りかかった運命を知らされたのである。さらに、村には火が放たれ、女子供は逃げまどった。

これら犠牲者の血は無益に流されてしまったことになる。このように、一人の愛国者の怒りの行動は、われわれの不幸を増すだけに終わってしまうだろう。

多くの人々が殺されたこの村の悲劇は、だれの役にも立たない。われわれが効果的な武力抵抗作戦を始める日が来たら、この人たちはわれわれにとって非常に必要だったのに。

われわれの力を浪費しないようにしよう。われわれの勇気を無駄に使わないようにしよう。待ちに待つことが大切だということを、だれもが理解せねばならない。無分別な怒りの行動を理性によって抑制しよう。

理性の前に感情を殺せ！
怒りを抑えよ！
行動を起こすには、まだ早すぎる

占領軍の洗脳工作

今や占領軍はわが国の全土を手に入れた。
彼らは絶対にわが国から出ていかないかのように行動している。
あるときは残忍なまでに厳しく住民を痛めつけ、あるときは反抗する住民を手なずけようとして、約束や誓いを乱発する。
言うまでもなく、彼らに協力する者が、どこでもわが国の行政の主要ポストを占めていて、すべてのわれわれの制度を改革してしまおうと占領軍に協力している。
裏切者にまかせられた宣伝省は、あらゆる手段を用いて、われわれに対し、われわれが間違っていたことを呑み込ませようと試みる。
彼らは、レジスタンスが犯罪行為であり、これはわが国が強くなるのを遅らせるだけのものだということを証明しようとする。
占領国の国語の学習がすべての学校で強制される。

歴史の教科書の改作の作業も進められる。
“新体制”のとる最初の処置は、青少年を確保することであり、彼らに新しい教義を吹き込むことである。
教科書は、勝利を得たイデオロギーに適応するようにつくられる。
多くの国家機関は、あらゆる方法で青少年が新体制に参加するようそそのかすことに努める。
彼らを、家庭や、教会や、民族的伝統から、できるだけ早く引き離す必要があるのだ。彼ら青少年を新体制にとって役に立つようにするために、また、彼らが新しい時代に熱狂するようにするために、彼らを洗脳する必要があるのだ。

そのため、新聞やラジオ、テレビなどが、直ちに宣伝の道具として用いられる。個人的な抵抗の気持は、新国家の画一的に統一された力にぶつかって、くじかれてしまう。占領軍に協調しない本や新聞には用紙が配給されない。
これに反して、底意のある出版物が大量に波のように国内にあふれ、敵のイデオロギーは、ラジオを通じて、また、テレビの画面から、一日中流れ出ていく。それは、あるいは公園の樹木に仕かけられたスピーカーから、あるいは町を歩く人に映像の形で訴えられ吹き込まれる。
だれでも公式発表以外の情報は聞けないように、聞いてはならないようになる。
教会は閉鎖されないが、そこに通う人たちは監視される。こういう人たちは容疑者扱いなのだ。学校では、あらゆる宗教教育が禁止され、精神的な価値を示唆することは一切御法度になる。

表現の自由を守る勇気

占領軍の法廷で劇的な裁判が行なわれている。二人の青年作家と一人の新聞記者が、国家の安全と利益に対し害を与えた疑いで起訴された。彼らの書いたものが、占領国と被占領国との間の友好関係を害する性質のものであるというのだ。

これに関連して興味深く注目されるのは、次の事実である。

これらのインテリは、占領前においては最も進歩的なグループに属し、“新体制”への統合をもっぱら主張していたのである。したがって、彼らは、占領軍によって特に優遇されたが、日ならずして彼らは、自分たちに残されている自由なるものは、目を閉じて全体主義イデオロギーに奉仕することだけである、ということを知った。

彼らは、勇敢にも自分たちが間違っていたことを認め、公けの場で、彼らがその犠牲にさせられた偽わりの体制を非難したのである。

あとには厳しい判決が待っているのみだ。しかし、この裁判を熱心に見守るわが国民に対して、彼らの正直な、勇気ある行動は、大きな印象を与えるに違いない。

われわれ一人一人にとって、武器を手にして戦うことが問題になっているのではない。その時機はまだ来ていない。今なすべきことは、あくまでも祖国に対する忠誠を守り続け、われわれ一人一人が道徳的な抵抗の模範を示すことである。占領軍は、自由と独立を求める意志が張りつめている国民を屈服させることは、決してできないであろう。

占領軍は、そういう国民を傷つけることはできるが、屈服させることは不可能である。もしも、小学校から大学に至るまでの先生たちが、われわれの自由の理想と国民的な名誉に対して、あくまでも忠実であるならば、占領軍は、絶対にその思想に手をつけられず、従ってその思想を屈服させることはできないであろう。精神的な抵抗運動をだれよりもまず最初に引き受けて実行するのは、わが国の教育者たちである。

わがスイスの兵士が再び武器をとって祖国の解放のために立ち上がるとき、その行動は全国的な動きに支持されなければならず、また、その行動は、弾力的な抵抗運動によって士気が衰え、疲れはてた敵に向けられねばならない。

解放戦闘の開始

数年の歳月が過ぎてからかもしれないが、ついに秘密の攻撃命令が発せられた。しかし、それでも、すぐに戦闘が行なわれたり輝かしい成果があげられるわけではない。初めのうちは、まず、すべてのことが極秘のうちに進められる。

その行動開始にあたっては、おそらく占領国がまず外国の戦場で敗れるのを待たねばならないであろう。そうすると、占領国はその兵員が不足し始めるから、わが領土を占領している軍隊の戦力がそれだけ低下する。その弱まった敵の組織の間に、この秘密の戦いのために外国で準備を整えることのできたわれわれの軍隊が浸透して、さらにその弱点を拡大するのだ。わが軍の行動は、彼らが受けた訓練によって特に効果的なものとなっているだろう。

厳しく監視されている組織の中にわれわれの工作員が浸透していくためには、時間と忍耐が必要である。まず、彼らは、忠実な「協力者」として、敵側に認められる必要がある。その上で、彼らは、官公庁（鉄道、郵便、ラジオ、テレビなど）の主要なポストに配置され、その日が来れば、彼らは、わが領土の解放に重要な役割を果たすことになる。

国民は、したがって、このような危険をおかしているわれわれの仲間に対して、慎重に行動せねばならない。公けの席では彼らを非難しても、彼らの行動を麻痺させることがないよう、充分に気をつけるべきである。こういう一人二役は、抵抗運動における最も重要な秘密武器の一つである。

容赦のない戦い

解放闘争は、まず最初の局面に入った。われわれの闘士はまだ数千名しかいない。しかし、彼らはあらゆる場所におり、しかも、ちょっと見たのではどこにも見当らない。

彼らは、占領軍の物資を破壊し、損害を与え、思いもよらないような状況下において、すばやく、かつ、絶え間なく行動し、直ちに身を隠し、他の場所に現われる。情容赦なく敵に打撃を与え、敵の士気を喪失させる。したがって、敵は、どこにいても安心していられない。敵の連絡はサボタージュされ、そのために、組織的に大規模な制圧行動をすることが困難になる。

解放された区域においては、武器の貯蔵が可能となり、また、訓練の施設を組織化することができるようになるから、抵抗運動の戦士たちは、その区域から、武器を手にして、毎晩、彼らの出現が予想もされない場所に出かけていく。住民は、至る所で、ひそかな、静かな協力者となる。

抵抗運動の直接的な行動に参加しない住民は、完全な沈黙を守るべきである。戦争法規によれば、住民は、占領軍に対してどのような情報をも提供する義務を持っていないのだから。

解放戦争の最初から、敵を、どこにいても不安な気持にさせる必要がある。彼らが利用できるものはすべて破壊せねばならぬ。

この段階になったら、もはや占領軍の弾圧を避けることはできない。しかし、武装抵抗の専門家たちは、どこを攻撃すれば最も効果的であるかを知っている。

住民は、暴力的な懲罰を免れることはできないだろう。そして、銃殺や強制収容所送りが続発するだろう。多くの地域が破壊され、牢獄は“容疑者”で一ぱいになるに違いない。

しかし、これらの犠牲は、解放が近づきつつある闘争のこの段階においては、もはや無駄ではない。この段階で倒れる者は、神聖な大義のために彼らの生命を捧げることになるのだ。

解放軍は足場を固める

猫に対する鼠のようなこの戦いが、どんなに困難なものであっても、抵抗運動は絶え間なく進展する。抵抗軍の配置は日一日と充実し、その人員は増大する。個人から個人へ秘密のうちに伝えられる命令によって、旧常備軍の幹部と兵士たちは戦闘準備態勢に入った。

食糧、武器、弾薬の供給は、必要に応じて諸国から組織的に行なわれる。われわれに重装備を提供し得る空中輸送の組織をつくることも考えられる。

このようにして、わが解放軍の勢力下にある地域は広がっていく。そして、至る所で人々が敵に反抗し始めるにつれて、われわれの情報網はその密度を増してくる。占領軍のこうむる打撃はますます増大し、わが解放軍は遠く離れた基地から大規模な連合作戦を展開することも可能になる。新しい本格的な軍隊機構も形を成してくる。

まだ敵に占領されているわが国の他の地域においては、受け身の形での防衛活動がより激しくなり、住民は、敵の弾圧に無駄に身をさらすことなく、占領軍の活動を麻痺させるためできるだけのことをする。その結果、占領軍は至る所で住民の沈黙にぶつかり、徴発活動はうまくいかない。今や占領軍の機構の歯車には、至る所に砂が入れられたような状態になっている。工場においては、徴用された労働者が、ワザとゆっくり仕事をする。どこにもこれといった欠陥が見つけられないにもかかわらず、占領軍にとってはすべてのことが、うまく運ばないという状態を呈する。

特別攻撃隊の襲撃が、その隠れ家から、常に、占領地域のより深い所に向けて行なわれる。彼らは捕えられた人々を解放し、貯蔵物資を獲得し、物資の輸送を阻止する。

最後の対決

われわれは、一般的な戦闘の再開を覚悟せねばならなくなった。戦っているのはわれわれだけではない。ヨーロッパにおいて、今やその様相を変えたこの戦争には、大量の軍隊が巻き込まれているのだ。幾つかの外国も解放され、反攻作戦が拡大している。長かった小康状態の後、われわれは再び、ほとんど全ヨーロッパ大陸を揺り動かす動乱の渦中にある。

われわれは、撤退しつつある軍隊に巻き込まれ、押し流されてしまうのか。わが国は、強大国の作戦の舞台になろうとしているのか。われわれの友好国軍隊は、敵を追い払い破壊するために、われわれの町を爆撃せざるを得ないような事態に追い込まれるのか。解放軍の部隊は、わがレジスタンスの部隊と接触を求め、一緒になって決定的な打撃を敵に与えようとしているのか。

いずれにせよ、新しい試練と新しい被害を、予期し、覚悟しておかねばならない。いま一度、地下室と避難所の生活がやってくる。民間防災組織は再び忙しくなる。

解放！

解放の夜明けが、われわれの山々の上に輝く日が来る。

多くの試練、哀悼、破壊、犠牲、そして涙、その後に、ついに確信をもって未来を見つめられる日が来る。

長らく待ち望んできたこのときにおいても、国民は、無益な損失を避けるために、あせりと怒りを抑えて、命令されたこと以外は何も企ててはならない。選ばれた時刻に、合法政府と連絡をとりつつ、わが総司令官は、必要な命令を下し、説明をするであろう。

周到に作成された計画が実施に移される。どの州庁所在地においても、それぞれの使命を帯びた指導者が現われ､彼らがわが軍隊を勝利へと導びく。

彼らは、敵の組織を破壊するためにはどこを叩けばいいか、どの通信網を破壊すべきか、どの人物を逮捕すべきか、どの通路は手をつけずに残しておくべきかなどを、正確に知っている。国民は彼らの命令に従うべきで、自分勝手に制裁を加えるようなことをしてはならない。敵側の協力者と見られていた者の中にも、われわれの仲間がいるし、おそらく、彼らは、最もよくわれわれの大義に奉仕したかもしれないからである。

明日こそ、われわれは解放される！

これまで読者の前に、起こり得る戦争の姿、考えられる戦いの幾つかの様相を、次々と展開して、警告を発してきたのは、われわれが場合によっては耐え忍ばなければならなくなる現実に、われわれ一人一人が慣れておくためである。前もって充分に警告されていれば、われわれに襲いかかる可能性のある厳しい試練の重みに、われわれが押しつぶされてしまう危険は、それだけ少なくなるだろう。

われわれは、また、平和時に先見の明を欠くことの危険についても考えてみた。平和だからといって充分な用意を怠っていたならば、不意に動乱に巻き込まれたとき、われわれは反撃する力を持たないかもしれない。歴史を学ぶとき、われわれは、楽観主義に対して警戒的にならざるを得ない。楽観主義を信じすぎると、結果的には、何らの防禦手段も持たないまま、侵略者の手にゆだねられてしまうことになりかねないからである。

歴史は、また、われわれに、あらゆる戦争は、いつかは終わるものであり、決して将来について絶望すべきでないことを教えている。

健全な現実主義によって、われわれは、戦争の見通しについては、最悪の事態を予想しておくほうがいいことを知っている。そこで、われわれは、みずからの身を守るために必要な、欠くべからざる処置をとるのである。それは、また、われわれの後に続く子孫のためでもあるのだ。

万一のための知識

避難所の設備および備品
医療衛生用品
緊急用の資材
二週間分の必要物資
二ヵ月分の必要物資
だれが協力するか？　どこで？

避難所の設備および備品

（56頁参照）

横になったり坐ったりできる設備
スポンジ・マットレス、または、
エアマットレス
毛布、寝袋、シーツ
着がえ用の下着、衣服
必要材料を並べる棚
手動式の換気装置
電話、トランジスター・ラジオ
予備電池
アンテナ線数メートル
避難所内で使える料理道具
身体を洗う設備
簡易便所
脱臭剤
水（蓋つきの容器、ビンに入れる）1人当り30リットル
手押しポンプ
防火用水容器
消火用の砂
独力で脱出するための道具
　シャベル、つるはし、テコ、おの、のこぎり、
　ハンマー、のみ、手袋など
医療衛生用品（303頁参照）
汚染された衣類の入れもの
次のような雑品：
　皿、茶わん、食事用具、紙ナフキン、
　罐切り、せん抜き、懐中電灯と予備電池、
　ろうそく、マッチ、カレンダー、裁縫用具、
　筆記用具、トイレット・ペーパーと紙袋
消毒剤、清掃用具、ごみ箱、新聞、
聖書、書籍、おもちゃ、室内遊戯用品、
幼児用の哺乳器、ビン、紙製おしめ、
ベビーパウダー、ベビーオイル
救急必要物資（305頁参照）

医療衛生用品

（135頁参照）

包帯用材料一式（ブリキ箱またはプラスチックの袋に入れ、乾燥状態に保った手当用具（2～3人ごとに））をそなえた救急箱	幅広い繃帯　3巻き 5㎝×10ｍのガーゼ　2巻き 同　繃帯　2巻き 8㎝×2.5ｍのゴム帯　1巻き 100㎝×100㎝の三角布　2個 蓋つきのボール箱　1個 消毒ガーゼ 消毒脱脂綿 ばんそうこう 生理バンド ホックと安全ピン　5個
	ピンセット、はさみ、 血管圧迫用ゴム管、体温計、 針金つきの副木、傷口に詰める脱脂綿
右のような処方箋なしで入手できる薬	痛みどめの錠剤 軽い鎮静剤 悪寒、下痢、便秘などをとめる薬 傷口の消毒薬
その他	必要に応じ、医者の処方をもらって、糖尿病患者用のインシュリン、強心剤など

緊急用カバン

（109頁参照）

旅行用カバンに入れておくもの	丈夫で温かい防水服 着がえ用肌着、ソックス、長靴下 帽子、スカーフ、手袋（放射能よけ） ハンカチ、短靴、スリッパ 毛布、寝袋 化粧用具、トイレット・ペーパー 防毒マスク、保護眼鏡、予備の眼鏡 懐中電灯と予備電池 携帯薬品箱 裁縫用具、紐、靴紐、 安全ピン、ろうそく、マッチ 調理用具、キャンプ用の飯ごう 水筒、ポケットナイフ、食事用具 トランジスターラジオと予備電池 プラスチックの布
救急用物資２日分（密封すること）	保存用食料品 例：ラスク、乾パン、インスタント・スープ、 罐入りチーズ、乾し肉、肉や魚の罐詰、 チョコレート、砂糖、紅茶、 インスタント・コーヒー、 乾燥果実、粉ミルク、 コンデンス・ミルク
小さな書類カバンに入れるもの	身分証明書、AHVカード、配給カード、保険証、 健康保険証、職業証明証、 現金、有価証券、 民間防衛の本 子供のための赤十字の身分証明書

二週間分の必要物資

（常時避難所におく）

戦争と放射能汚染に備えて。	保存に耐える食料品 　例：乾パン、ビスケット、ラスク 肉、チーズ、魚、果物の罐詰、乾し肉 チョコレート、 朝食の飲みもの、インスタント・コーヒー、 紅茶、コンデンス・ミルク 乾燥果実、葡萄糖、 ミネラルウォーターまたは 飲料水（1人1日当り2リットル） 浄水剤 雑用のための水（1人1日当り2リットル）
	避難所の必要物資は、ブリキ製の箱またはプラスチックの袋に入れ、湿気や放射線から保護する。 ときどき動かす。また、一定の時期に新しいものと取りかえること。 災害の場合の必要物資のリストは、さらに目下、検討中である。然るべき時に新聞、ラジオ、テレビを通じてお知らせする。

2ヵ月分の必要物資

なぜ？	何を？
個人的の貯えは：以下の場合に備える 輸入が妨げられた場合、動員または戦争のため国内の物資供給が混乱した場合 配達の禁止または販売の凍結のときから、物資供給が開始されるときまでの間 万一の用心のため避難所に入った場合 危急が去った後、避難所を出てから住民への物資の供給が再び確保されるまでの間	一人当りの基礎的必要物資 砂糖　2キロ 脂肪、食用油　2キロ 米　1キロ めん類　1キロ
	補足的な必要物資： 小麦粉、片栗粉、 からす麦、大麦 とうもろこし、豆類 ココア、乾パン インスタント・コーヒー 肉、魚の罐詰、チーズ 果物、コンデンスミルク インスタント・スープ
	石鹸 洗剤
	燃料

今すぐ買って、一定の時期ごとに取りかえること。

どこへ？	どのように？
乾燥した、 涼しくて暗い場所 清潔で風通しのいい場所 政治情勢、軍事情勢の悪化したときは、地下室または避難所	保存用の箱、ビン、カンの中。 当初の包装のまま。 布袋の中。 黒っぽい紙で包んだビンの中に入れる。
乾燥した、 涼しくて暗い場所 政治情勢、軍事情勢の悪化した場合は、地下室または避難所	当初の包装のまま。 ビン、箱、布袋の中。 当初の包装のまま、すの子の上に置き、ときどき位置を変える。
乾燥した場所	食料品のそばに置かないこと。
都合のつく場所	消防法の規定を守る。

だれが協力するか？　どこで？

連絡または登録場所	だれが？
民間防災組織	
任　意　的	60才以上の男子 16才から60才までの女子 16才から19才までの青少年
強　制　的 兵役または補助的勤務に服す義務をおわない者の場合 兵役から解除された者または戦闘行動を免除された者の場合	20才から60才までの男子
自警組織	
住宅自警団は、市町村の民間防災組織の事務所への登録 企業自警団は、雇用主への登録	女子 成年男子、青少年
地域防災組織は、市町村の民間防災組織の事務所への通知	
司令部、情報班	成年男子および女子
警報と伝達	女子、成年男子および青少年
戦時消防班 工　事　班 保　全　班	成年男子
衛　生　班 被災者救助班 核・化学兵器対策班 補　給　班	女子 成年男子および青少年
運　送　班	成年男子

どこで？	養成期間など	手　当
	新しく編入された者　3日間 幹部 各職務につき12日以内 新しく編入された者の仕上げ課程　毎年2日間 幹部の仕上げ課程 4年ごとに12日以内	職務に伴う手当 得られるはずの収入を補償する。 12日を超える勤務の場合は男子に対しては兵役期間の縮少。 軍事保険
家庭で 企業で		
各市町村で		

だれが協力するか？　どこで？

連絡または登録場所	だれが？	どこで？
スイス赤十字 登録： スイス赤十字　3001　ベルン　タウベン通8 （電）031/22　14　74 赤十字組織 赤十字司令部の分遣隊 赤十字支部 赤十字病院の特別出先機関 赤十字の地域的出先機関	18才より45才までの女子	軍の衛生施設 地域防災隊の衛生部
	補助的勤務の成年男子	軍の衛生施設
	17才より60才までの女子	民間病院および救急病院での協力
スイス・サマリテン(救急看護)組合 登録： スイス・サマリテン組合 4600　オルテル マルタン－ディステリ通27 （電）062/21　91　33	16才以上の男女	各家庭で。 事故の際の応急手当 隣人、年配者の援助
	16才より60才	民間防災のサマリテン病院：
	18才より45才	赤十字のサマリテン病院：

養成期間など	手　当
職業看護婦、専門家の養成 （病院の助手、放射線科の助手など） 赤十字の病院付助手は： 理論課程　28時間 病院実習　2週間 サマリテン救急看護婦 看護課程または サマリテンの課程　30時間 幹部の養成	俸給 得られるはずの収入を補償する。 軍事保険
補助的勤務のワク内における養成	俸給 得られるはずの収入を補償する。 軍事保険
職業看護婦、専門家の養成 病院付助手：理論課程　28時間 病院実習　2週間	活動従事の場合 日給 得られるはずの収入を補償する。 保険
人命救助の課程　10時間 サマリテンの救急看護課程　30時間 家庭内の病人看護の課程　30時間	無報酬 （保険）
民間防災参照	民間防災参照
赤十字参照	赤十字参照

誰れが協力するか？　どこで？

連絡または登録場所	だれが？	どこで？
女性の補助的勤務 　登録： 　　女性の補助的勤務係 　　3011　ベルン 　　ノイエンガッセ通3 　　（電）031/67　32　73 可能性ある職種 　事務職 　軍人家族の援助係 　防空監視係、信号係 　伝達係 　警報班 　野戦郵便係 　伝書鳩係 　衛生係 　修理・物資係 　料理係	19才より60才までの女子	総司令部および軍の部隊
農婦への援助 耕作者への援助 　登録： 　　農民連合にて、または新聞の呼びかけに応ずること。	15才以上の女子 成年男子、青少年	農場で

養成機関など	手　当
入門課程　20日間 補完課程 　年間最高　13日間 　平時において合計　91日 能力に応じて幹部課程における補完教育（昇級）	俸給 得られるはずの収入を補償する。 軍事保険
畑仕事の援助 家庭内の仕事の援助	保険 日給

訳者あとがき

第二次大戦後しばらくして「太平洋のスイスになれ」という言葉がわが国でもてはやされた時代がある。われわれはその言葉に、将来の日本に関するすべての夢を託したともいえよう。この言葉を耳にして、われわれが想い浮かべたスイスのイメージは、美しいアルプスを見上げる牧場であり、羊飼いの少年少女の恋物語であり、そして何よりも、戦乱の歴史をくり拡げたヨーロッパにおいて、150年以上にわたり平和と安全を享受してきた国であった。

このイメージはそれ自体決して誤まりではない。しかし、われわれが平和愛好国スイスを語る際、どういうわけかスイス国民の平和を守るための努力、国民一人一人の大変な負担とこれに耐えぬく気迫という現実には目をつぶり、ともすれば、かかる努力によってはじめて開花した平和という美しい花にのみ気をとられてきたきらいがないだろうか。

本書は、スイス政府により、全国の各家庭に一冊ずつ配られたものである。本書を一読された方はすでに気づかれたように、内容は相当ショッキングである。しかし、それだけに訳者は、かかる書を一般家庭に配布したスイス政府の英断、同胞の安全を最大限に考慮する責任ある態度に心を打たれ、また、全家庭でこの書が読まれ、その内容に即してまさかの準備がなされているというスイス国民の平和への執念のすさまじさというようなものさえ感じた。

本書を訳出しながら特にわが国との比較において考えさせられたことは少くない。

まず第一に、真に平和を望むものは、平和を守るための努力を惜しんではならないということである。単なるスローガンで平和を守ることは不可能である。いかなる物を得るにも代償が必要であり、代償なくして物を要求できるのは親に甘える子供か、はては通行人に手を差しのべる乞食くらいのものである。われわれ1億の日本人ははたして前者のごとく平和をねだることにするのか。または後者のごとく人の憐れみに期待をかけるのか。それとも堂々と代償を払ってわれわれの平和を守るのか。これは、結局、日本の進路を定める日本人一人一人の選択にかかっているともいえよう。

第二に、いわば先憂後楽という姿勢においてわが国における場合とは基本的な違いがある。スイスは陸続きながらも周囲を友好国に囲まれ、本書のはしがきにもあるように、今、具体的な戦争の脅威に直面しているわけでは決してない。むしろ、世界各国との友好関係を求めるスイスの外交政策を通じ、その平和外交は世界的に有名である。しかし、スイス国民は、国の防衛というものはいざ具体的な脅威に直面してから準備するのではとても間にあわないということを、歴史の教訓として学んでいるようである。また、常にあらゆる戦争の危険に対処しうる体制を維持することこそ150年間にわたりこの国の平和と独立を守ってきたものでもある。「最悪の事態」に備えるという発想は本書のいたるところにでてくる。

この点、どうもわれわれ日本人とは基本的に考え方が逆のようである。われわれ日本人はどちらかといえば「かくすればかくなるものと知りながら、やむにやまれぬ……」というのが好きであり、大戦中はもちろん、戦後においても、公害の蔓延、毎年訪れる台風の被害等にもみられるように、すべて目の前に起ったかせいぜい起りつつある危険には対応策を講ずるものの、将来起りうる危険、起るかもしれない危険にいたってはまったく無頓着である。

科学的根拠に基づく有力な説によれば、あと8年後から関東地域は大震災に見舞われる危険があるそうだ。しかし、これに対する対策についても同じことがいえる。関東大震災の規模のものに見舞われると、今の東京はまったくお手上げであることは責任者が認めている。大震災にともなう大火災、避難場所を求め右往左往する一千万人の都民。社会的混乱、まさに考えるだけでもあびきょうかんの地獄図である。悪夢が現実となる前に、せめてスイス並みの避難体制の確立をと願うのは訳者が本書に影響されすぎた故であろうか。しかし、被害を最少限度に食いとめ、少しでも多くの人命を救うにはそれしか方法はないと思うのだが……。

第三の点は、わが国の安全保障論でもよく問題とされる「何を守るのか」という点である。スイスは守るべき価値として、物質的な財産はもちろんのことだが、より基本的には「自由」を根幹とする社会体制を重視している。

ここで「自由」は自分達のよりよき社会を築いていくことができるための不可欠な要素として把えられている。スイス人がスイスの社会を愛しそれぞれの時代の要求に応じ社会の改善に努めるためには自由な発言が許され、いかなる意見も抑圧されず、自由に政党が結成され、そして自由に政治活動が認められねばならないということである。その裏には、かかる基本的な自由さえ保障されていれば、あとは、スイス国民の責任においてその能力に応じ、最も賢明な選択をしていけるという自信がうかがわれる。「自由」の把え方は、もはや、ただ言いたいことを言い、好きなことをするというような次元の低いものではなく、時代の流れに応じて社会の変革をもたらす最良の手段、社会的進歩を獲得するための最善の方策として考えられているようだ。したがって、かかる「自由」を否定、ないし大はばに制限する左右の全体主義に対しては、断固としてこれと対決する姿勢を示しており、「自由」の思想を否定するものに対しては、常時、警戒を怠らない。けだし、自由主義の最大の弱点は、自由主義を否定する意見にも一定の限度内で言論の自由を保障せねばならぬという点であろう。

第四の点は、いわゆる「何から守るのか」すなわち、脅威の問題である。前述したように、目下スイスは現実の脅威には直面していない。しかし、スイスでは現実の脅威がないから守りを備える必要はないという議論はないようである。むしろ自然の災害同様、戦争の脅威はこちらの意図と関係なく生れうるとの認識が徹底している。戦争をしかける可能性はわが国と同じく最初から除外され、戦争はしかけられるものとしてのみ考えられている。脅威とは、力と意思によってもたらされ、また力がある限り意思は何時変るかもしれないのであるから、潜在的な脅威は常に存在する。潜在的な脅威が顕在化したときには実はもう遅いのであり、脅威を現実のものとしないためには、いざという場合にいかなる危険にも対処しうる体制をとっておくことが、最も効果的であるという判断であろう。第二次大戦中、ヒットラーをしてついにスイス攻撃を断念せしめた実績が、何よりも雄弁にこの思想の正しさを証明しているといえよう。

第五の点は、「いかにして平和を守るか」という方法論であるが、この点でこそ、わが国とスイスの防衛体制との最も大きな差が認められる。とかくわれわれは、防衛というと、軍事問題を中心として考えがちであるが、スイスでは、近代戦争は全面戦争であり、これに対しては全面防衛が必要であるとされる。全面防衛とは、政治、経済、心理面での防衛に、民間防衛および軍事防衛を加えたものである。「レジスタンス」の項に示されるように、たとえスイスが軍事防衛に破れ、占領されても、心理的防衛により必らず最後の勝利を得られると考えている。ただし、その場合でも、最終的な段階では武力の裏付けがあってはじめて可能としている点で、チェコ事件の際、わが国の一部で唱えられた非武装抵抗論とは本質的に異なるものである。

第六の点として、感銘を受けたのは、スイス国民の運命共同体としての意識と、その共同体内部にみなぎる社会的正義、隣人愛の精神である。それは民間防衛を通じての相互の助け合いにも示されているが、特に戦争の危機に直面した場合の経済政策において最も明らかである。国家は権力を行使して市場経済に介入し、一部の富める者が物質の買い占めを行なうことを防ぎ、経済的余裕のない人々の必要物資を確保してこれを保護しようとしている点である。富める者、権力のある者のみが生き残り、勝手に欲望を満たすようなことでは、全面防衛も国民の自由もすべて空念仏になってしまうからであろう。

わが国は第二次大戦後、二度と侵略戦争をしないと誓い、平和に徹することを国の最高方針として今日にいたった。その点で、16世紀頃以来、侵略政策を放棄し、平和愛好国となったスイスと歴史の長さこそ違え同じ立場にある。もちろん、東京都の人口にみたないスイスと1億の国民をもつわが国との間には、地理的にも、経済的にも、また国際社会における生き方にも、大きな違いがあるのは事実である。

しかし、一方の国では平時から、戦時に備えて2年間分位の食料、燃料等必要物資を貯え、24時間以内に最新鋭の武器を具えた約50万の兵力の動員が可能という体制で平和と民主主義を守り、他方の国では、軍事力を持つことは民主主義に反するというような議論が堂堂となされているのは、まことに奇妙といわざるをえない。

あらゆる危険に備える平和愛好国と、いかなる危険にも目もくれない平和愛好国！

英国の民間防衛研究所の機関紙は本書の書評において「第三次世界大戦が勃発しても生き残る国民はスイス人だけであろうし、彼らはまたそれに値いする」と述べている。

「戦争に備え、災害に備え」という指示は他方アジアにおいても、わが隣国の指導者によっても出されている。同じ指導者が「戦争に備えず、災害にも備えず」ひたすら平和に徹するわが国を、軍国主義国家と称するのはまたどういうことであろうか。

いずれにせよ、平和を愛し、平和を守りたいと思う日本人が一人でも多く本書を読み、共に考えてくれれば訳者としてこれ以上の幸せはない。最後に、翻訳の未熟さを読者にお詫びして訳者あとがきとしたい。